AUSTRILIA SENIOR SCHOOL
MATHEMATICAL COMPETITION
QUESTIONS AND ANSWERS,
MIDDLE VOLUME, 1992—1998

澳大利亚中学

数学竞赛试题及解答

中级卷　　1992—1998

● 刘培杰数学工作室 编

哈尔滨工业大学出版社
HARBIN INSTITUTE OF TECHNOLOGY PRESS

内容简介

本书收录了 1992 年至 1998 年澳大利亚中学数学竞赛中级卷的全部试题,并且给出了详细解答,其中有些题目给出了多种解法,以便读者加深对问题的理解并拓宽思路.

本书适合中小学生、教师及数学爱好者参考阅读。

图书在版编目(CIP)数据

澳大利亚中学数学竞赛试题及解答. 中级卷. 1992—1998/刘培杰数学工作室编. — 哈尔滨:哈尔滨工业大学出版社,2019.3

ISBN 978-7-5603-7969-2

Ⅰ.①澳… Ⅱ.①刘… Ⅲ.①中学数学课-题解 Ⅳ.①G634.605

中国版本图书馆 CIP 数据核字(2019)第 015142 号

策划编辑	刘培杰　张永芹
责任编辑	张永芹　邵长玲
封面设计	孙茵艾
出版发行	哈尔滨工业大学出版社
社　　址	哈尔滨市南岗区复华四道街 10 号　邮编 150006
传　　真	0451-86414749
网　　址	http://hitpress.hit.edu.cn
印　　刷	哈尔滨市石桥印务有限公司
开　　本	787mm×960mm　1/16　印张 10.5　字数 107 千字
版　　次	2019 年 3 月第 1 版　2019 年 3 月第 1 次印刷
书　　号	ISBN 978-7-5603-7969-2
定　　价	28.00 元

(如因印装质量问题影响阅读,我社负责调换)

目录

第 1 章 1992 年试题 //1

第 2 章 1993 年试题 //20

第 3 章 1994 年试题 //38

第 4 章 1995 年试题 //54

第 5 章 1996 年试题 //72

第 6 章 1997 年试题 //91

第 7 章 1998 年试题 //114

编辑手记 //134

第1章 1992年试题

1. 图1中表示的度量是( ).

A. 18.4   B. 18.6   C. 18.7
D. 19.4   E. 19.6

图1

解 读数是18.6.　　　　　　　(B)

2. 0.4×0.6 等于( ).

A. 0.10   B. 2.4   C. 1.0
D. 0.024   E. 0.24

解 $0.4 \times 0.6 = 0.24$.　　　　(E)

3. $1+(11 \times 111)-1\,111$ 等于( ).

A. 111   B. 1 221   C. 2 333
D. 11 001   E. 11

解 $1+(11 \times 111)-1\,111 = 1+1\,221-1\,111 = 1\,222-1\,111 = 111$.　　(A)

4. 在物理学中有一个公式是

$$\frac{1}{R} = \frac{1}{R_1} + \frac{1}{R_2}$$

如果 $R_1 = 3, R_2 = 6$,那么 R 等于( ).

A. $\frac{1}{2}$ B. 2   C. $\frac{1}{9}$

1

D. 9　　　　　　　　E. $\dfrac{9}{2}$

解　如果 $R_1 = 3, R_2 = 6$, 则

$$\dfrac{1}{R_1} + \dfrac{1}{R_2} = \dfrac{1}{3} + \dfrac{1}{6} = \dfrac{1}{2}$$

因此, $R = \dfrac{1}{\frac{1}{2}} = 2.$　　　　　　　　　　(B)

5. $7^3 - 3^5$ 等于(　　).

A. 4^4　　　　　B. 10^2　　　　　C. 40

D. 6　　　　　　E. 22

解　$7^3 - 3^5 = 343 - 243 = 100 = 10^2.$

(B)

6. 在一个家庭里每个孩子至少有一个兄弟和一个姐妹,这个家庭最少有几个孩子?(　　).

A. 2 个　　　　B. 3 个　　　　C. 4 个

D. 5 个　　　　E. 6 个

解　必须至少有两个女孩,使得这个家庭中的每个女孩都有一个姐妹. 同样,必须至少有两个男孩. 因此,这个家庭至少有 4 个孩子.　　　　(C)

7. 把一个 3×8 的矩形分割成两部分,如图 2 所示. 把这两部分拼成一个直角三角形. 所得三角形的一个边长是(　　).

A. 9　　　　　B. 6　　　　　C. 4

D. 7　　　　　E. 5

第1章　1992年试题

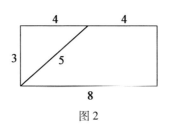

图2

解　把这个边长 3,4,5 的三角形绕长度为 4 和 5 的两边的交点旋转 $180°$，则得到所要求的三角形，其边长为 6,8 和 10. 选择答案中唯一符合的一个边长是 6.　　　　　　　　　　　　　　　（ B ）

8. 如果 n 是整数，那么下列各数中哪一个必定是奇整数?(　　).

A. $5n$　　　　B. n^2+5　　　　C. n^3

D. $n+16$　　　E. $2n^2+5$

解　$2n^2+5$ 是一个偶数加一个奇数，所以必定是奇数. 当 n 是奇数时，n^2+5 是偶数. 当 n 是偶数时，$5n$, n^3 和 $n+16$ 都是偶数.　　　　　　（ E ）

9. 如图3，在 $\triangle PQR$ 中，S 是 QR 上的一点，使得 $\triangle PQS$ 的面积等于 $\triangle PSR$ 的面积. 试问下列哪个结论必定成立?(　　).

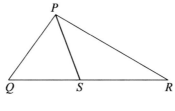

图3

3

A. $PS \perp QR$　　　B. $QS = RS$　　　C. $PQ = PR$
D. $2PS = QR$　　　E. $\angle QPR = 90°$

解　因为三角形的面积是底乘以高的 $\dfrac{1}{2}$，而 $\triangle PQS$ 和 $\triangle PRS$ 的高相等，所以 $QS = RS$，其他情况都是可能的，但不一定恒成立．选项 A 和 C 仅当 $PQ = PR$，即为等腰三角形时成立．无论是选项 D 还是选项 E，当 $\triangle PQR$ 为等边三角形时都不成立，而根据题设，$\triangle PQR$ 可能为等边三角形．　　　　　　（　B　）

10. 在一次溜冰比赛中，前四位裁判员分别给赛奥布罕(Siobhan)4.5分，4.6分，4.7分和5.0分．如果他从五位裁判员那得到的平均分是4.8分，那么第五位裁判员给他多少分？(　　　)．

A. 4.8分　　　B. 4.9分　　　C. 5.0分
D. 5.1分　　　E. 5.2分

解　为了得到平均分4.8分，五个分数相加必须为 $5 \times 4.8 = 24.0$．前四个分数之和是 $4.5 + 4.6 + 4.7 + 5.0 = 18.8$．因此，第五个分数必须是 $24.0 - 18.8 = 5.2$．　　　　　　　　　　　　　　（　E　）

11. 把1，2，3和5这四个数字排列起来可以得到24个不同的四位数，在这些数中有多少个偶数(　　　)．

A. 1　　　B. 2　　　C. 6
D. 12　　　E. 18

解法1　如果排成的数是偶数，它的末位数字必定是2．于是前三个数有 $3 \times 2 \times 1 = 6$ 种不同的排列方式．
　　　　　　　　　　　　　　　　　　（　C　）

第 1 章　1992 年试题

解法 2　给定的数字的 $\dfrac{1}{4}$ 是偶数,根据对称性可知,在排列得到的 24 个数中有 $\dfrac{1}{4}$ 是偶数.

12. 图 4 中,已给出某些角的大小(以度为单位). x 的值是(　　).

　　A. 110　　　　B. 150　　　　C. 100
　　D. 120　　　　E. 130

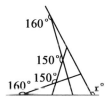

图 4

解　如图 5,以字母表示各点. $\angle SPQ = 20°$, $\angle QSP = 30°$. 因此 $\angle SQR = 20° + 30° = 50°$. 类似地, $\angle TVU = 20°$, $\angle VTU = 30°$, 于是 $\angle TUR = 50°$, 注意 $\triangle RUQ$, 可知 $x = 50 + 50$.

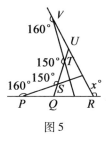

图 5

(　C　)

13. 罐装蜂蜜每罐净重 115 g,把它们装在一个纸箱中,一共8层,每层84罐.这个纸箱中的蜂蜜净重最接近于( ).

A. 50 kg　　　　B. 80 kg　　　　C. 800 kg

D. 880 kg　　　E. 8 000 kg

解 罐数是 8×84. 因此净重(以千克计)为 $0.115 \times 8 \times 84 = 0.92 \times 84 = 77.28$. 　　(B)

14. 当用8股毛线进行编织时,用毛线针编织每10 cm宽的精细编织物需要织22针. 为了编织外衣的44 cm宽的领结,需要织多少针?( ).

A. 44 针　　　B. 66 针　　　C. 88 针

D. 97 针　　　E. 110 针

解 需要织的针数是 $22 \times \dfrac{44}{10} = 96.8 \approx 97$.

(D)

15. 如果把图6所示的图形折成一个立方体,那么它的每个顶点都是三个面的交点. 把相交于任何顶点的三个面上的数相乘. 对于这个立方体的各顶点来说,能够得到的最大乘积是多少?( ).

A. 40　　　　B. 60　　　　C. 72

D. 90　　　　E. 120

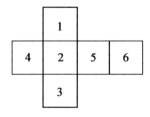

图6

第1章 1992年试题

解 最大乘积是由相交于一个顶点的三个面上的数字 3,5 和 6 得到的.　　　　　　(D)

16. 如图 7,一种游戏的目标是把方格盘 P 上的式样变成方格盘 Q 上的式样. 走一"步"定义为改变一行或改变一列,把其中原来的每个 $*$ 都变成空格,而把原来的每个空格都变成 $*$,为了把 P 变成 Q 最少需要走几"步"?(　　).

A. 1　　　　B. 2　　　　C. 3
D. 4　　　　E. 5

$\quad\quad\quad P \quad\quad\quad\quad\quad\quad Q$

图 7

解 把方格盘 P 变成方格盘 Q 最少需要两步. 第一步改变第一列,第二步改变第三列(反之亦然).

　　　　　　　　　　　　　　(B)

17. 阿奇博尔德(Archibald)投掷了八支飞镖,八支飞镖都命中了镖牌(图 8). 他得到的总分可能是下列哪个数?(　　).

A. 6　　　　B. 27　　　　C. 39
D. 48　　　　E. 74

7

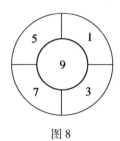

图8

解 因为八个奇数之和是偶数,所以总分是偶数.此外,总分最多是72(=8×9),最少是8(=8×1).所以给出的五个数中唯一可能的总分是48. (D)

注 这个总分可以由许多方式得到,例如,五次投中9,三次投中1.

18. 某一城市的人口在一年中减少了400人.在第二年人口增加了6%,但是仍比上年减少40人.在第一年的年初的人口是( ).

A.6 000人　　B.6 040人　　C.6 360人

D.6 400人　　E.6 440人

解 设最初的人口是 x.由题意得到方程
$$(x - 400) \times 1.06 = x - 40$$
即
$$0.06x - 424 = -40$$
$$0.06x = 384$$
$$x = \frac{38\ 400}{6} = 6\ 400 \qquad (\ D\ )$$

19. 四位歌手轮唱一首含有四个相等乐段的歌曲,每人把这首歌曲连唱三遍就结束.第一位歌手开始唱第二个乐段时,第二位歌手开始唱.第一位歌手开始唱第三个乐段时,第三位歌手开始唱.第一位歌手开始唱

第1章 1992年试题

第四个乐段时,第四位歌手开始唱.试问四个人同时唱的时间占总的歌唱时间的几分之几?(   ).

A. $\dfrac{3}{4}$ B. $\dfrac{3}{5}$ C. $\dfrac{2}{3}$

D. $\dfrac{5}{6}$ E. $\dfrac{8}{15}$

解 满足条件的时间是唱15个乐段所共用的时间,因为当第一位歌手唱完时,第四位歌手还要继续唱最后三个乐段.当第一位歌手在唱第一遍的最后一个乐段时以及在唱第二遍和第三遍时,四位歌手都同时在唱,因此四位歌手同时歌唱的时间是9个乐段的时间.答案是 $\dfrac{9}{15}=\dfrac{3}{5}$.   (B)

注 图9说明四位歌手轮唱时起止的情况.

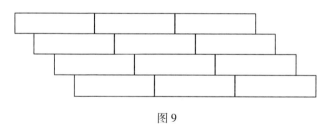

图9

20. 罗温娜(Rowenna)喜欢喝果汁和柠檬水的混合饮料.有一天,她倒了半杯果汁,然后倒满柠檬水.待充分混合以后,她喝了总量的 $\dfrac{1}{3}$,然后再倒满柠檬水.试问最后饮料中果汁占的部分是多少?(   ).

A. $\dfrac{1}{6}$ B. $\dfrac{1}{3}$ C. $\dfrac{1}{2}$

D. $\dfrac{3}{4}$　　　　E. $\dfrac{5}{6}$

解　从杯中喝掉的果汁部分占$\dfrac{1}{3}\times\dfrac{1}{2}=\dfrac{1}{6}$,因此最后的饮料中剩余的果汁占$\dfrac{1}{2}-\dfrac{1}{6}=\dfrac{1}{3}$. （ B ）.

21.一组学生决定共同买一盒录音带,后来两个学生退出了,其他学生每人只好多付1元钱.如果每人所付的钱数是整数,而录音带的价格在100元和120元之间,那么最终有多少个学生分担了这笔费用?(　　).

A.12个　　　　B.13个　　　　C.14个

D.15个　　　　E.10个

解　设最终付钱的学生人数是x,每人所付的钱数是y,则
$$(x+2)(y-1)=xy$$
即
$$xy+2y-x-2=xy$$
$$x=2y-2$$
考虑各种可能情况,得到

x	y	xy
2	2	4
⋮	⋮	⋮
12	7	84
14	8	112
16	9	144
⋮	⋮	⋮

显然,唯一可能的结合是14,8,112,因此最终分担费

用的学生人数是 14. (C)

22. 有一天,一个女孩沿着正在移动的自动扶梯跑下来,用了 15 s. 第二天,扶梯坏了,不移动了. 她仍以同样的速度跑下来,用了 20 s. 试问她站在移动扶梯上随扶梯一起下来,需要多少秒? (   ).

A. 40 s   B. 50 s   C. 35 s
D. 60 s   E. 65 s

解 设自动扶梯的速度是 s m/s,长度是 l m,女孩跑的速度是 r m/s. 这时,我们所要求的是 $\dfrac{l}{s}$. 因为扶梯移动时女孩下得快,所以扶梯必定是向下移动. 所以当这个女孩顺着移动的扶梯跑下来时她的总速度是 $(s+r)$ m/s. 因此

$$s+r=\frac{l}{15},\ r=\frac{l}{20}$$

于是

$$s=\frac{l}{15}-r=\frac{l}{15}-\frac{l}{20}=\frac{l}{60}$$

由此得到 $\dfrac{l}{s}=60.$ (D)

23. 如图 10,等腰 $\triangle PQR$ 内接于一个半径为 6 的圆,其中 $PQ=PR$. 第二个圆与第一个圆和 $\triangle PQR$ 的底 QR 的中点相切. 边 PQ 的长度为 $4\sqrt{5}$. 小圆的半径是(   ).

A. $\sqrt{5}$ B. 2   C. $\dfrac{8}{3}$

D. $\dfrac{7}{3}$ E. $\dfrac{3+\sqrt{5}}{2}$

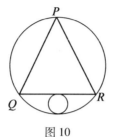

图10

解 如图11,设 O 为大圆的中心,M 为 QR 的中点. 设 $OM = x, QM = y.$ 由 $\triangle OMQ$,有
$$x^2 + y^2 = 36 \qquad (1)$$
而由 $\triangle PQM$,有
$$(x+6)^2 + y^2 = 80 \qquad (2)$$
$(2) - (1)$,得到 $12x + 36 = 44$,即 $x = \dfrac{2}{3}$,因此小圆的直径是 $6 - \dfrac{2}{3} = \dfrac{16}{3}$,所以小圆的半径是 $\dfrac{8}{3}$.

(C)

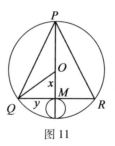

图11

24. 把一个立方体的各面涂成黑色或白色. 两种涂色方式被认为是不同的,如果这个立方体不论怎样放置都不会产生混淆. 试问对这个立方体有多少种不同的涂色方式?(　　).

A.5 种   B.7 种   C.8 种
D.10 种   E.64 种

解 六个面都涂成白色,有 1 种方式.五个面涂成白色、一个面涂成黑色,有 1 种方式.四个面涂成白色、两个面涂成黑色,即相对的两面,或者相邻的两面,涂成黑色,有两种方式.三个面涂成白色、三个面涂成黑色,即相对的两面及与这两个面相邻的一面,或者相交于同一顶点的三面,涂成黑色,有两种方式.由对称性可知,四个面涂成黑色、两个面涂成白色,五个面涂成黑色、一个面涂成白色和六个面都涂成黑色的情况,分别有两种、1 种和 1 种方式.因此,总共有

$$1 + 1 + 2 + 2 + 2 + 1 + 1 = 10$$

种涂色方式.   (D)

25. 十分奇怪,我们家的七个成年人的生日非常接近.七个日期是:1 月 1 日,1 月 31 日,2 月 2 日,2 月 20 日,2 月 21 日,2 月 23 日和 2 月 27 日.为了方便起见,我们决定每年只举行一次生日宴会,选择的日期与每个人生日的距离之和应当最小.选择的日期是( ).

A.1 月 31 日   B.2 月 1 日   C.2 月 9 日
D.2 月 11 日   E.2 月 20 日

解 本题中有 7 个生日,分别记为 A,B,C,D,E,F,G(按它们先后出现的次序).假设把宴会日期定在 A 与 B(1 月 1 日与 1 月 31 日)之间的某一天.然后把宴会日期不断向后推延.这时,生日 A 与宴会日期越来越远,而其他 6 个生日与宴会日期越来越近,生日 A 远多少天,其他每个生日则近多少天.当宴会日期推迟到生日 B 以后时,两个生日 A 和 B 与之越来越远,其他 5 个生日与之越来越近.这样继续下去,在宴会日期推迟到生日D(中间一个生日)以前,宴会日期与每个生日的距离之和在逐渐减小,而在推延到生日D以后,此距离之和则逐渐增大.显然,只有当宴会日期取为中间一个生日D(2月20日)时,此距离之和最小. (E)

推广 正如从上述讨论所看到的,各生日之间的间隔并无影响;如果有奇数个生日,则中间的生日总是满足条件的日期.如果有偶数个生日,则经过类似的讨论可知,中间两个生日中的任何一个,或它们之间的任何一天,都满足条件.这个问题是"仓库"问题的一个特例,在仓库问题中所考虑的是仓库设置的位置应当使它与各交货点的距离之和为最小.这一问题也可推广到二维和三维的情况.

26. 已知 $144^5 = 27^5 + 84^5 + 110^5 + 133^5$,所以 $27^7 + 84^7 + 110^7 + 133^7($ $)$.

A. 小于 $144^7 - 1$ B. 等于 $144^7 - 1$

C. 等于 144^7 D. 等于 $144^7 + 1$

E. 大于 $144^7 + 1$

解 $27^7 + 84^7 + 110^7 + 133^7$
$= 27^2 \times 27^5 + 84^2 \times 84^5 + \cdots + 133^2 \times 133^5$
$< 133^2 (27^5 + 84^5 + \cdots + 133^5)$
$= 133^2 \times 144^5$(已知)
$< 144^2 \times 144^5 - 1$
$= 144^7 - 1$ (A)

27. 兄弟二人,每人的年龄都在10与90之间,把他们的年龄"组合"起来,即把一人的年龄写在另一人年龄的后面得到一个四位数字,他们发现这个数是一个

第1章 1992年试题

整数的平方.9年后,他们又把他们的年龄按同样的方式、同样的次序组合起来,他们发现所得到的数是另一个整数的平方,这个整数比原来那个整数大9.他们原来的年龄之和是( ).

A. 30　　　　B. 37　　　　C. 79
D. 97　　　　E. 99

解　设兄弟二人原来的年龄是 a 和 b,则我们得到两个方程

$$100a + b = n^2 \qquad (1)$$
$$100(a+9) + (b+9) = (n+9)^2 = n^2 + 18n + 81 \qquad (2)$$

由(1)-(2),消去 a 和 b,得到
$$900 + 9 = 18n + 81$$
即
$$n = \frac{828}{18} = 46$$

因为 $46^2 = 2\,116$,原来二人年龄之和是 $21 + 16 = 37$.
　　　　　　　　　　　　　　　　　　(B)

28. 如图12,长方形 $PQRS$ 的面积是 80 cm^2. △SRU 的面积是 50 cm^2. △TUQ 的面积是多少?( ).

A. 10 cm^2　　　B. 5 cm^2　　　C. 8 cm^2
D. 4 cm^2　　　E. 2 cm^2

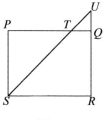

图12

解 如图13,把 RS, QR 和 UQ 分别记为 x, y 和 h. 因为 $\triangle SRU$ 的面积 $= 50 \text{ cm}^2$,所以 $xy + xh = 100$,又因为 $xy = 80$,所以 $xh = 20$. 因为 $TQ \parallel SR, \dfrac{h}{y+h} = \dfrac{1}{5}$,即 $UR = 5UQ$,所以 $SR = 5TQ$. 于是,$\triangle TUQ$ 的面积 $= \dfrac{1}{25}(\triangle USR \text{ 的面积}) = 2 \text{ cm}^2$.

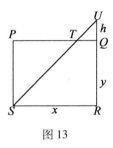

图 13

(E)

29. 一个城市铁道系统只卖从一站出发到达另一站的单程车票,每一张票都说明起点站和终点站. 现在增设了几个新站,因而必须再印 76 种不同的票. 试问增设了几个新站?( ).

A. 4 个   B. 2 个   C. 19 个

D. 8 个   E. 38 个

解 设增设的新站数为 n,老站数为 m,只在新站之间使用的票的种数为 $n(n-1)$. 在新站和老站之间使用的票的种数为 $2mn$. 因此
$$2nm + n(n-1) = 76$$
因为增设"几个"新站,所以我们假设至少 $n \geq 2$. 当

16

$n = 2$ 时,对于 $m = 1,2,3,\cdots$,等式左边得到数值 6, $10,14,\cdots$,其中包含 76. 当 $n = 3$ 时,得到数值 $12,18$, $24,\cdots$,其中包含 72 和 78,但是不包含 76. 当 $n = 4$ 时,对于 $m = 8$,便得到 76. 当 $n = 5$ 时,我们得到 $30,40$, $50,\cdots$,当 $n = 6$ 时,我们得到 $42,54,66,78,\cdots$ 当 $n = 7$ 时,我们得到 $56,70,84,\cdots$,当 $n = 8$ 时,我们得到 72, $88,\cdots$,当 $n \geqslant 8$ 时,76 或更小的值都不能得到. 因此, $n = 4$. (A)

30. 想要给 4×4 方格板涂上黑色和白色,使得每一行或每一列正好有两个黑色和两个白色方格. 图 14 表示两个例子

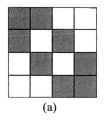 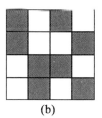
(a) (b)

图 14

试问有多少种不同的方式?( ).

A. 36 种   B. 54 种   C. 72 种

D. 120 种   E. 90 种

解 在每一列中有 $\binom{4}{2} = 6$ 种选择两个黑方格的方式. 这里存在三种情况. (E)

情况 1 第二列的黑方格与第一列处于相同的两行. 一旦第一列选择定了,第二列也就确定了,而最后

两列只有唯一一种选择方式(图15).

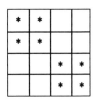

图 15

情况 2 第二列的黑方格与第一列处于不同的两行. 一旦第一列选择定了,第二列也同样就确定了,第三列有 $\binom{4}{2} = 6$ 种选择方式,前三列确定了,第四列也就确定了(图16).

图 16

情况 3 第二列只有一个黑方格与第一列的一个黑方格处于同一行. 在选择第二行的黑方格时,有两种方式,在选择白方格时,也有两种方式,因此对于第二列有 4 种选择方式. 不论前两列如何选择,在选择第三列时都有两种方式(在两格实际上已确定了,要选择的只是其余两格),前三列选择定了,第四列也就确定了,因此,在这种情况下有 $4 \times 2 = 8$ 种选择方式. 因为在每一种情况中,在选择第一列的两个黑方格时都有

6 种方式,所以总共有 $6 \times (1 + 6 + 8) = 90$ 种不同的涂色方式(图 17).

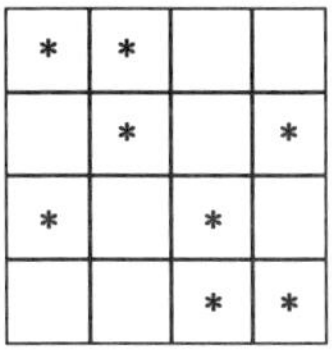

图 17

第 2 章 1993 年试题

1. $(0.3)^2 \times 0.8$ 等于(   ).

A. 0.072　　　B. 0.007 2　　C. 0.72

D. 0.048　　　E. 0.48

解　$(0.3)^2 \times 0.8 = 0.09 \times 0.8 = 0.072$.

(　A　)

2. 200 的 $7\dfrac{1}{2}\%$ 是(   ).

A. 14　　　　B. 15　　　　C. 25

D. 18　　　　E. 75

解　100 的 $7\dfrac{1}{2}\%$ 是 7.5. 所以 200 的 $7\dfrac{1}{2}\%$ 是 $2 \times 7.5 = 15$.

(　B　)

3. $x - 2 - 2(x - 3)$ 等于(   ).

A. $-3x + 5$　　B. $5 - x$　　C. $4 - x$

D. $8 - x$　　　E. $1 - x$

解　$x - 2 - 2(x - 3) = x - 2 - 2x + 6 = 4 - x$.

(　C　)

4. 在给定的一段时间里,乌龟爬行了 18 cm, 学生走了 54 m, 鸟飞行了 3 km. 在这段时间中三者总共行进的距离是(   ).

A. 3 054.18 m　　B. 354.18 m　　C. 3 054.18 m

D. 354.18 km   E. 3 541.8 m

解 以米为单位,总共的距离是

3 000.00 + 54.00 + 0.18 = 3 054.18

(C)

5. 如图1,在这个尺子上大多数数字已经看不见了,假设尺子的刻度是均匀的,那么点 P 对应的读数是( ).

A. 12.47   B. 12.48   C. 12.50

D. 12.52   E. 12.56

图1

解 在12.44和12.62之间有9个相等的空距,总共增加 12.62 − 12.44 = 0.18,因此每个空距增加0.02. 点 P 位于第三个空距末,0.02 × 3 = 0.06,即比12.44大0.06,等于12.50.

(C)

6. 如图2,在矩形 $PQRS$ 中,PQ 的长度是 QR 长度的2倍,ST 为 6 cm,TR 为 12 cm. 带阴影部分的面积是( ).

A. 54 cm^2 B. 81 cm^2 C. 108 cm^2

D. 135 cm^2 E. 162 cm^2

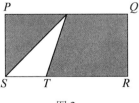

图2

21

解 无阴影的区域是一个三角形,其底为 6 cm,高为 SR 的 $\frac{1}{2}$,即 $\frac{1}{2} \times (6+12) = 9$ (cm). 因此无阴影区域的面积是 $\frac{1}{2} \times (6 \times 9)$ cm^2,即 27 cm^2. 矩形 $PQRS$ 的面积是 $18 \times 9 = 162$ (cm^2). 带阴影部分的面积是 $162 - 27 = 135$ (cm^2). (D)

7. 每个钉子重 5 g,用 11.5 kg 的铁丝能做多少个钉子?( ).

A. 2 300 个   B. 230 个   C. 23 000 个

D. 230 000 个   E. 4 600 个

解 11.5 kg = 11 500 g. 每个钉子重 5 g. 用 11.5 kg 的铁丝能做的钉子数是 $11\,500 \div 5 = 2\,300$. (A)

8. 在图 3 中,x 的值是( ).

A. 50   B. 80   C. 70

D. 60   E. 100

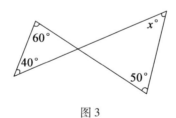

图 3

解法 1 如图 4,以 $y°$ 表示的两个角是对顶角,它们必定相等. 在左面的三角形中,$y = 180 - 60 - 40 = 80$. 因此,在右面的三角形中

$$x = 180 - y - 50 = 180 - 80 - 50 = 50$$

第2章　1993年试题

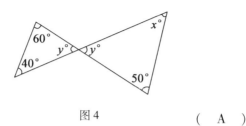

图4　　　　　　　　　　（ A ）

解法2　因为以 $y°$ 表示的两个对顶角是相等的,所以在两个三角形中其余两对角之和应当相等,即 $60+40=50+x$,故 $x=50$.

9. 在乘积

$$\left(1+\frac{3}{1}\right)\times\left(1+\frac{5}{4}\right)\times\left(1+\frac{7}{9}\right)\times\left(1+\frac{9}{16}\right)\times\cdots\times\left(1+\frac{41}{400}\right)$$

中,第 n 个因子是 $1+\dfrac{2n+1}{n^2}$,这个乘积的值是(　　).

A. 441　　　　B. 4 041　　　　C. 4 410

D. 4 001　　　E. 4 010

解　该乘积显然等价于

$$\frac{4}{1}\times\frac{9}{4}\times\frac{16}{9}\times\frac{25}{16}\times\cdots\times\frac{(n+1)^2}{n}\times\cdots\times\frac{441}{400}$$

消去相同的分子和分母,恰好剩下第一个分母和最后一个分子,得到 $\dfrac{441}{1}$,即441.　　　　（ A ）

10. 在我从克莱斯特彻奇(Christchurch)到悉尼(Sydney)的一次飞行中,客舱中的信息屏幕上显示:

　　时速　　　　　　864 km/h
　　已飞行的距离　　1 222 km
　　尚需飞行的时间　1 h 20 min

如果飞机继续以当前的速度飞行,则从克莱斯特彻奇到悉尼的距离最接近于( ).

A. 2 300 km B. 2 400 km C. 2 500 km

D. 2 600 km E. 2 700 km

解 着陆(到达悉尼)前的时间是 1 h20 min, 即 $\frac{4}{3}$ h. 所以,与着陆点的距离是 $864 \times \frac{4}{3} = 1\ 152$ (km). 因为起飞(离开克莱斯特彻奇)后已飞行的距离是 1 222 km, 所以可以算出从克莱斯特彻奇到悉尼的距离是 1 152 + 1 222 = 2 374 (km). 在可供选择的答案中,最接近于 2 400 km.   (B)

11. 每升海水中盐的含盐量为 34 g. 已知 1 000 mL 等于 1 L, 1 000 kg 等于 1 t, 那么 1 立方千米的海水中含盐( ).

A. 3 400 t B. 34 000 t C. 340 000 t

D. 3 400 000 t E. 34 000 000 t

解 1 L 海水含盐 34 g, 即 $\frac{34}{1\ 000}$ kg. 所以 1 m³(1 000 L) 含盐 34 kg; 因此 1 立方千米含盐

$$1\ 000 \times 1\ 000 \times 1\ 000 \times 34 = 34\ 000\ 000\ 000$$
$$= 34\ 000\ 000\ (t)$$

(E)

12. 在图 5 中, O 是圆心. x 的值是( ).

A. 40 B. 25 C. 20

D. 35 E. 30

第 2 章　1993 年试题

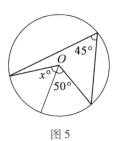

图 5

解　设 P 和 Q 表示图上的两点,如图 6 所示. 弦 PQ 所对的圆心角(以度为单位)的 $(x+50)$ 是它所对的圆周角(45)的二倍. 因此,$x+50=90$,即 $x=40$.

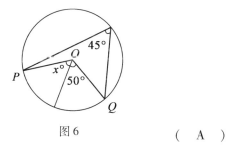

图 6　　　　　　　　　　（ A ）

13. 在一个棱长为 1 单位的立方体的各面上,分别添加棱长均为 1 单位的四棱锥,构成一个星形体. 这个星形体的棱数是（　　）.

A. 60　　　　B. 28　　　　C. 24

D. 48　　　　E. 36

解　原来的立方体有 12 个棱,现在在它的每个面上增加了 4 个棱,在六个面上增加了 24 个棱,新的立体总的棱数是 $12+24=36$(个).　　　　（ E ）

14. 一个矩形是由三个正方形构成的,如图 7 所示. 如果这个矩形的周长是 24 cm,那么它的面积是

( )

    A. 27 cm²   B. 30 cm²   C. 36 cm²

    D. 24 cm²   E. 48 cm²

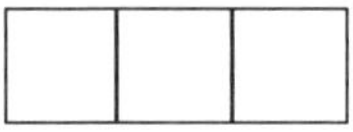

图 7

解 这个矩形的周长等于 8 个正方形的边长. 所以正方形的边长是 $24 \div 8 = 3$(cm). 每个正方形的面积是 $3 \times 3 = 9$(cm²),所以整个图形的面积是 $9 \times 3 = 27$(cm²).   (A)

15. 两个平行平面相距 10 cm. 在一个平面上有一点 P. 与两个平面距离相等且与点 P 的距离为 6 cm 的所有点的集合为( ).

    A. 一点   B. 一条直线和一个圆

    C. 一条直线   D. 一个圆

    E. 一个球

解 与两个平面距离相等的所有点的集合是它们中间的平面(即与每个平面距离为 5 cm 且与它们平行的平面). 与点 P 距离为 6 cm 的所有点的集合是以 P 为中心、半径为 6 cm 的球面. 满足两个条件的点的集合是中间的平面与该球面相交而成的圆.   (D)

16. 一个正八边形的边长为 4 cm,如图 8 所示. 带阴影区域的面积是( ).

    A. 16 cm²   B. $8(1+\sqrt{2})$ cm²   C. 24 cm²

    D. $16(1+\sqrt{2})$ cm²   E. 32 cm²

图8

解 如图9所示,设 P,Q,R 和 S 为正八边形的四个顶点,作 QT 平行于 RS,交 PR 于 T. 这时,所求带阴影区域的面积是底为4、高为 PR 的 $\triangle PRS$ 面积的二倍. PR 的长度是 PT 长度的二倍再加上 RS 的长度. RS 的长度是4,而 $\triangle PQT$ 是直角三角形,有两个角是45°. 它的斜边的长度是4,因此一个直角边,例如 PT 的长度是 $\dfrac{4}{\sqrt{2}}$,即 $2\sqrt{2}$. 所以 PR 的长度是 $4\sqrt{2}+4=4(1+\sqrt{2})$,阴影区域的面积是

$$2\times\dfrac{1}{2}\times 4\times 4(1+\sqrt{2})=16(1+\sqrt{2})$$

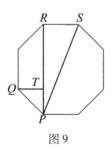

图9

(D)

17. 一排四个"接通—切断"开关,如果任何两个

相邻关系不能都处于切断状态,那么有多少种不同的设定方式?( ).

A.8 种　　　　B.10 种　　　　C.12 种

D.14 种　　　　E.16 种

解　设 N 表示"接通",F 表示"切断".切断的开关不能多于两个.对于两个接通、两个切断的情况,有 3 种设定方式:$FNFN$,$NFNF$ 和 $FNNF$.对于三个接通、一个切断的情况,有 4 种设定方式:$FNNN$,$NFNN$,$NNFN$ 和 $NNNF$.对于四个接通、没有切断的情况,只有 1 种设定方式:$NNNN$.共有 8 种设定方式.　　　　　　　(A)

18. 在 $10^4 - 1$ 的因数中有多少个不同的质数?(注意:1 不是质数)( ).

A.1　　　　B.2　　　　C.3

D.4　　　　E.5

解　注意到
$$\begin{aligned}10^4 - 1 &= (10^2 - 1) \times (10^2 + 1) \\ &= (10 - 1) \times (10 + 1) \times (10^2 + 1) \\ &= 9 \times 11 \times 101\end{aligned}$$
质因数是 3,11 和 101.　　　　　　　　　　　(C)

19. 一个袋子中装着 100 个球,其中 95% 是红球.当从袋子中取出一些红球以后,在剩下的球中的 75% 是红球.从袋子中取出了多少个球?( ).

A.20 个　　　　B.25 个　　　　C.50 个

D.75 个　　　　E.80 个

解　原来必定有 5 个球不是红球.当取出一些红球以后,这 5 个不是红球的球保留下来,并且占所有剩

下的球的 25%,因为这时红球占 75%,因此,剩下的球为 20 个,取出的球为 80 个. (E)

20. 杰克(Jack)和吉尔(Jill)喜欢外出散步.杰克散步的速度是 6 km/h,吉尔的速度是 4 km/h.他们同时向同一方向出发.杰克走 1 km 后就返回了.吉尔继续向前走,当他遇到返回的杰克时也返回了.在他们都回到出发点时,吉尔比杰克晚多长时间?( ).

A.10 min   B.5 min   C.4 min
D.3 min45 s   E.3 min

解 当杰克返回时,吉尔走了 $\frac{2}{3}$ km.他们以相对速度 10 km/h 走过 $\frac{1}{3}$ km,所以 2 min 后相遇.假如吉尔与杰克同时返回,那么他们将同时回到出发点,但是事实上当杰克返回时,吉尔继续向前走了 2 min,所以她回到出发点时比杰克晚 4 min. (C)

21. 某一房间的地面是一个矩形,大小为 (32.1×12.3) m²,已铺上了边长为 10 cm 的正方形瓷砖.一只蚂蚁沿地面的一条对角线爬行.它在离开一个墙角后,到达另一个相对的墙角前经过多少个瓷砖交会点?(一个瓷砖交会点是四块瓷砖四个顶点的交会处.)( ).

A.0   B.1   C.2
D.3   E.4

解法 1 这个房间的矩形地面一共铺了 321×123 块正方形瓷砖.在求蚂蚁经过的交会点的个数时,依题意,不算蚂蚁的出发点和到达点,即两个墙角.不失一般性,把地面的长度为 3 210 cm 的一边取作 x 轴,把长度为 1 230 cm 的一边取作 y 轴,蚂蚁从坐标原点出发.假设当蚂蚁到达第一个交会点时在 x 轴方向上通过了 M 块瓷砖,在 y 轴方向上通过了 N 块瓷砖(M 和 N 都是整数). 于是,我们来求满足

$$\frac{M}{N} = \frac{3\ 210}{1\ 230} = \frac{3 \times 107}{3 \times 41} = \frac{107}{41}$$

的 M 和 N 的最小正整数解. 因为 107 和 41 都是质数,所以最小解是 $M = 107, N = 41$. 因为其他一切解都应当是这个解的倍数,所以另一个中间解是这个解的二倍($M = 214, N = 82$),也只有这一个了,因为实际上下一个解就是对面的墙角了. 因此,经过两个交会点.

解法 2 这个问题也可用丢番图方程来求解. 设地面的两个对角是 (x,y) 平面上的两点 $(0,0)$ 和 $(321,123)$. 这时,蚂蚁所走的路线是通过 $(0,0)$ 和 $(321,123)$ 的一条直线. 它的方程是

$$y = \frac{123}{321}x = \frac{41}{107}x$$

求这个方程满足条件 $0 < x < 321$ 的整数解. 显然有两个解

$$x = 107, x = 214$$

因此,蚂蚁通过的交会点有两个.   (C)

22. 在一个乘法幻方中,每一行数之积、每一列数之积、对角线上的数之积都相等. 如果在图 10 的空格中填上正整数,构成一个乘法幻方,那么 X 的值是( ).

A. 2   B. 4   C. 5
D. 16   E. 25

5		X
4		
	1	

图 10

解 因为第一列数之积与第二行数之积必须相等,而第一列中间空格中填写的数是这两个乘积的公因数,所以这个幻方中间空格中填写的数必定等于 $5X$. 然后,把第一行数之积与从左下到右上的对角线上的数之积进行对比,注意到左下角空格中填写的数是这两个乘积的公因数,可知 $4 \times 5 = X \times (5X)$,即 $5X^2 = 20$,即 $X = 2$,因为 X 必须是正数. (A)

注 由给定的数据可以证明幻方中所填的数是唯一的,每一行数之积、每一列数之积、对角线上的数之积都等于 1 000.

23. 在图 11 中,看起来像 $45°$ 的角都是 $45°$,看起来像 $90°$ 的角都是 $90°$,而 PQR 是一条直线. 已知 PQ 的长度是 12 单位,QR 的长度是(   ).

A. $3\frac{1}{5}$ B. $3\frac{3}{4}$ C. 4

D. $3 + \frac{\sqrt{2}}{2}$ E. $3\frac{1}{2}$

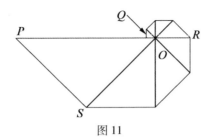

图 11

解 在 QR 上四条线段的交点记为点 O，此外，将另一点记为点 S。设 $OQ = x$。这时，由 Q 向上的线段的长度也是 x。围绕这个图形的外侧沿顺时针方向前进，每遇到一个新的线段，它的长度都是前一线段的 $\sqrt{2}$ 倍，因为它是一个等腰直角三角形的直角边，而这个直角边又等于前一个等腰直角三角形的斜边。因此，当围绕图形外侧沿顺时针方向前进时，依次遇到的线段的长度是 $x, \sqrt{2}x, 2x, 2\sqrt{2}x, 4x, 4\sqrt{2}x, 8x, SP = 8\sqrt{2}x$，最后得到 $PO = 16x$。在这个过程中，也可看出 $OR = 4x$。现在 $PO = 16x = PQ + QO = 12 + x$，于是 $12 = 15x$，即 $x = 0.8$。$QR = QO + OR = x + 4x = 5x = 5 \times 0.8 = 4$。（ C ）

24. 一个交叉数谜的答案是一个自然数（而不是字）。这个谜语的片断如图 12 所示。给出的一些线索是：

横

1. 27 竖的平方。

6. 1 横的一半。

竖

1. 2 竖的两倍。

第 2 章　1993 年试题

2. 9 的倍数, 为两位数.
试问 1 横中间的数字是多少?(　　).

A. 0　　　　B. 2　　　　C. 4
D. 6　　　　E. 9

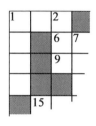

图 12

解　因为 1 竖是 2 竖的两倍并且比 2 竖多 1 倍数字, 所以 1 竖的第一个数字必定是 1. 这就给出 1 横(它必须是完全平方) 的五种可能情况, 即 100, 121, 144, 169 和 196. 但是 2 竖的第一个数字必须至少为 5(因为加倍之后多出 1 位数字), 由于 1 竖是 2 竖的两倍, 所以可知 1 横应为偶数, 1 横只有三种可能: 100, 144, 196. 再由 1 竖是 2 竖的两倍, 2 竖是 9 的倍数知 1 横必须是 144.　　　　　　　　　　　　　　(C)

25. 如果 4 个不同的正整数 m, n, p 和 q 满足方程
$$(7-m)(7-n)(7-p)(7-q) = 4$$
则 $m+n+p+q$ 等于(　　).

A. 10　　　　B. 21　　　　C. 24
D. 26　　　　E. 28

解　因为 m, n, p 和 q 是不同的正整数, 所以数 $7-m, 7-n, 7-p, 7-q$ 是不同的整数. 但是, $4 = 1 \times 2 \times$

$(-1)\times(-2)$ 是把 4 表示为 4 个不同的整数之积的唯一方式. 所以

$$(7-m)+(7-n)+(7-p)+(7-q)$$
$$=1+2+(-1)+(-2)$$

因此 $m+n+p+q=28$. （ E ）

26. 有一支学校军乐队, 当排成四路纵队时, 最末一排人数不满. 当排成三路纵队时, 最末一排也不满, 但是多 3 排. 当排成二路纵队时, 最末一排仍然不满, 比排成三路纵队时多 5 排. 这支军乐队的学生人数在下列哪两个数之间?（　）.

A. 10 和 19　　B. 20 和 29　　C. 30 和 39

D. 40 和 49　　E. 50 和 59

解　设这支军乐队的学生人数是 n, 当排成四路纵队时有 m 个满排. 这时 $n=4m+r_1$, 其中 $r_1=1,2$ 或 3. 于是, 当排成三路纵队时, 我们有 $n=3(m+3)+r_2$, 其中 $r_2=1$ 或 2. 当排成二路纵队时, 我们有 $n=2(m+8)+1$. 比较最后两个方程, 得到

$$3m+9+r_2=2m+17$$

即 $m=8-r_2=7$ 或 6, 因为 r_2 只能等于 1 或 2. 比较前两个方程, 得到

$$4m+r_1=3m+9+r_2$$

即 $m=9+(r_2-r_1)=9+1, 9+0, 9-1$ 或 $9-2$, 即 10, 9, 8 或 7, 因为 r_2 等于 1 或 2, $r_1=1,2$ 或 3. 因此, 唯一可能的情况是 $m=7$, 这对应于 $r_2=1, r_1=3$. 这支军乐队的人数是 $4m+r_1=4\times7+3=31$. （ C ）

27. 如图 13 所示, 曲线 $PRSQ$ 和 ROS 是两个半圆.

第 2 章　1993 年试题

RS 平行于 PQ. 大半圆的半径是 1 m. 阴影部分的面积是多少?(　　).

A. $\dfrac{\pi-1}{2}$ m² 　　B. $\left(\dfrac{3\pi}{4}-\dfrac{1}{2}\right)$ m² 　　C. $\dfrac{\pi}{4}$ m²

D. 1 m² 　　E. $\left(\dfrac{\pi}{2}-1\right)$ m²

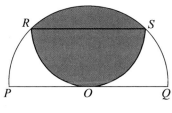

图 13

解　作垂直线 OTU,交 RS 于 T,交大半圆于 U,如图 14 所示. 注意到小半圆的半径是 $\dfrac{1}{\sqrt{2}}$.（这可由下述事实得知：在 Rt△OTS 中,TS 和 TO 是小半圆的两个半径,斜边 OS 是大半圆的半径.）因此,阴影部分的面积等于扇形 $ORUS$ 的面积加上由小半圆的弦 OR 和 OS 及其所对的弧围成的两个小弓形的面积. 而这两个小弓形的面积等于小半圆的面积减去 △ORS 的面积. 于是,阴影部分的面积 = 扇形 $ORUS$ 的面积 + 半圆 $ORTS$ 的面积 − △ORS 的面积

$$\dfrac{1}{4}\pi\times 1^2+\dfrac{1}{2}\pi\left(\dfrac{1}{\sqrt{2}}\right)^2-\dfrac{1}{2}\times 1^2$$

$$=\dfrac{\pi}{4}+\dfrac{\pi}{4}-\dfrac{1}{2}=\dfrac{\pi-1}{2}$$

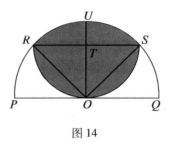

图 14

(A)

28. 在平面上取 6 个点,在这些点之间画尽可能多的连线,但是任何两条连线除了在端点外都不相交. 在图 15 所示的图形中有 9 条连线;可以看出,如果移动某些点的位置,则可画出更多的连线. 假如这 6 个点可以在平面上随意放置,那么最多可能画多少条连线? ( ).

A. 11 B. 12 C. 13
D. 14 E. 15

图 15

解 首先注意到 12 条连线是可能的,如图 16 所示:

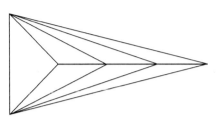

图 16

利用关于平面图的欧拉(Euler)公式,即如果有 v 个顶点,由 e 条棱连接,构成 f 个多边形面(外部区域也作为一个"面"),则

$$v - e + f = 2$$

每一个面由 3 条或更多条棱所围成,每一条棱为两个面共有,所以有 $2e \geqslant 3f$,而欧拉公式成为

$$e \leqslant 3v - 6$$

在本题中,因为 $v = 6$,所以有 $e \leqslant 12$. 我们在上面已经画出了 $e = 12$ 的图形,这必定为最佳情况. (B)

注 澳大利亚国立大学马丁·沃德(Martin Ward)博士提出这一道题并给出上述解法,他还指出对这一道题有一种推广,即对于任何 $v \geqslant 3$,连线的最多条数是 $3v - 6$. 上面的图形给出了确定这些点的一种标准方式,由此而进行的论证对于任何 $v \geqslant 3$ 都成立.

第 3 章　1994 年试题

1. $6x - 2 - (4x - 7)$ 等于(　　).

A. $2x + 5$　　　B. $2x - 7$　　　C. $10x + 5$

D. $-2x + 5$　　E. $2x - 9$

解　$6x - 2 - (4x - 7) = 2x + 5$.　　　　(A)

2. 比 1 098 小 19 的数是(　　).

A. 1 080　　　B. 1 081　　　C. 1 079

D. 1 078　　　E. 1 089

解　$1\,098 - 19 = 1\,079$.　　　　(C)

3. 在图 1 中,x 等于(　　).

A. 148　　　B. 142　　　C. 42

D. 138　　　E. 132

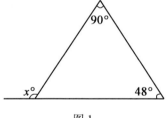

图1

解　$x = 90 + 48 = 138$.　　　　(D)

4. $\dfrac{1}{2}$ 被什么数除,其结果为 3?(　　).

第3章　1994年试题

A. $\dfrac{1}{6}$　　　　B. $\dfrac{1}{3}$　　　　C. $1\dfrac{1}{2}$

D. 3　　　　E. 6

解　设这个数为 x，则 $\dfrac{\frac{1}{2}}{x} = 3$，即 $x = \dfrac{1}{3} \times \dfrac{1}{2} = \dfrac{1}{6}$.

（ A ）

5. 如果 $\sqrt{x+1} = 3$，则 $(x+1)^2$ 等于（　　）.

A. $\sqrt{3}$　　　　B. 3　　　　C. 9

D. 27　　　　E. 81

解　$(x+1)^2 = (\sqrt{x+1})^4 = 3^4 = 81$.

（ E ）

6. △PQR 的最小内角是 $10°$. 我们将这个三角形的三边的长度加倍而使其放大. 这样放大的三角形的最小内角是（　　）.

A. $10°$　　　　B. $20°$　　　　C. $30°$

D. $40°$　　　　E. $80°$

解　放大的三角形同原三角形是相似的，因此两三角形具有相同的角.　　　　（ A ）

7. 在 $\sqrt{50}$ 和 $\sqrt{500}$ 之间有多少个整数？（　　）.

A. 14 个　　　　B. 15 个　　　　C. 62 个

D. 63 个　　　　E. 449 个

解　注意到 $7^2 = 49, 8^2 = 64, 22^2 = 484$ 和 $23^2 = 529$. 因此，我们需要计数从 8 到 22（包括 8 和 22）的整数的个数，共有 $22 - 8 + 1 = 15$（个）.　　（ B ）

8. 假设图 2 中所有的竖线都是平行的,所有的角都是直角,所有的水平线间距都相等,那么带阴影部分的面积占总面积的几分之几?( ).

A. $\dfrac{13}{48}$ B. $\dfrac{5}{18}$ C. $\dfrac{5}{16}$

D. $\dfrac{1}{4}$ E. $\dfrac{1}{5}$

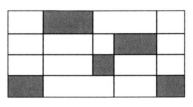

图 2

解 各条竖线之间的距离与结果没有关系.每个阴影区域都是一个矩形,其宽度为左右两条竖线之间的距离,其高为最大矩形之高的 $\dfrac{1}{4}$.因此,阴影区域的总面积等于一个矩形的面积,其宽度与最大矩形的宽度相同,其高等于最大矩形之高的 $\dfrac{1}{4}$.这个面积是最大矩形面积的 $\dfrac{1}{4}$.   (D)

9. 丹尼(Danny)从 1994 年开始往前数,每次数 7 年,得到序列:1994,1987,1980,…,试问他将数到下面哪一年?( ).

A. 1788 年   B. 1789 年   C. 1790 年
D. 1791 年   E. 1792 年

解 1994 被 7 除余数为 6.给出的五个数被 7 除余

数分别是3,4,5,6,和0.   (D)

10. 我把四个相继的奇数加起来.如果其中最小的一个数是$2m-1$,则得到的和是( ).

A.$8m-10$ B.$8m+2$ C.$8m+8$

D.$8m+10$ E.$8m+3$

解 $(2m-1)+(2m+1)+(2m+3)+(2m+5)=8m+8$.   (C)

11. 如图3,线段PQ平行于线段SR,PQ和SR的长度分别为10 cm和4 cm,二者相距6 cm.点T是QR的中点.带阴影区域的面积是( ).

A.21 cm^2 B.26 cm^2 C.27 cm^2

D.34 cm^2 E.42 cm^2

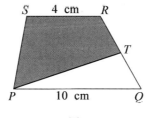

图3

解 带阴影区域的面积等于梯形$PQRS$的面积减去$\triangle PQT$的面积.因为T是QR的中点,所以$\triangle PQT$的高是梯形的高的一半,即3 cm.因此,所求的面积是

$$\frac{1}{2}(4+10)\times 6-\frac{1}{2}(10\times 3)=42-15=27$$

(C)

12. 如果

$$\frac{m}{m+2n}=-3$$

则 $\dfrac{m}{n}$ 的值是(　　).

A. $-\dfrac{3}{2}$　　　　B. $\dfrac{3}{2}$　　　　C. $\dfrac{2}{3}$

D. $-\dfrac{2}{3}$　　　　E. $-\dfrac{1}{2}$

解　如果

$$\dfrac{m}{m+2n} = -3$$

则 $m = -3m - 6n$，即 $4m = -6n$，即 $\dfrac{m}{n} = -\dfrac{3}{2}$.

(A)

13. 把7个立方体面对面地粘在一起,如图4所示. 如果得到的这个立体的体积是448 cm³,那么它的表面积是(　　).

A. 384 cm²　　　B. 448 cm²　　　C. 480 cm²

D. 560 cm²　　　E. 576 cm²

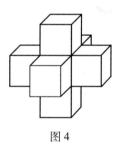

图4

解　每个立方体的体积是 $(\dfrac{448}{7})$ cm³,即 64 cm³. 因此它的边长是 4 cm. 每一个面的面积是 16 cm². 有 6 个露面的立方体,每个立方体露出 5 个面. 因此这个立方体的总的表面积是 $6 \times 5 \times 16 = 480 (\text{cm}^2)$.

(C)

14. 一个水龙头每秒钟滴一滴水. 600 滴水恰好装满 100 mL 的瓶子. 试问 300 天中浪费多少升水？( ).

A. 432 L　　　B. 4 320 L　　　C. 43 200 L

D. 432 000 L　　　E. 4 320 000 L

解 浪费水的数量是

$$\frac{60 \times 60 \times 24 \times 300}{600 \times 10} = 4\ 320 \quad (B)$$

15. 7 个小烧饼与 4 个油酥饼重量相等，5 个果酱饼与 6 个油酥饼重量相等. 如果油酥饼、小烧饼和果酱饼的重量（以克为单位）分别为 m, s, t, 那么( ).

A. $s < t < m$　　B. $t < s < m$　　C. $t < m < s$

D. $s < m < t$　　E. $m < t < s$

解 我们有

$$7s = 4m$$

即

$$s = \frac{4m}{7} \tag{1}$$

和

$$5t = 6m$$

即

$$t = \frac{6m}{5} \tag{2}$$

比较(1)和(2), 得到 $s < m < t$. 　　(D)

16. 如图 5, 等腰 $\triangle PQR$ 内接于一圆, $QR = 18$ cm,

$PQ = PR = 15$ cm. 这个圆的半径是(   ).

A.9.25 cm   B.9 cm   C.9.375 cm

D.8.75 cm   E.8.875 cm

图 5

解 如图 6,从 P 向 QR 作垂线 PS,过圆心 O,交 QR 于 S,并将 QR 平分. $QS = 9, PS = 12$. 设 $OP = OQ = x$,则根据毕达哥拉斯定理

$$OQ^2 = OS^2 + QS^2$$

即

$$x^2 = (12 - x)^2 + 9^2 = 144 - 24x + x^2 + 81$$

即 $24x = 225$,于是 $x = 9.375$.

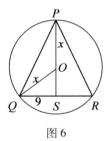

图 6

(C)

17. 塔姆辛(Tamsin)的祖父母最近迁居了,塔姆辛惊奇地发现他们新居的门牌号码有四位数字. 同时,

她感到这个号码很容易记住,因为它的形式为 $abba$,其中 $a \neq b$,而且 ab 和 ba 都是质数(a 和 b 是两个数字).试问有多少个这种形式的数?(   ).

A. 11 种 　　B. 9 种 　　C. 8 种

D. 10 种 　　E. 12 种

解 如果 ab 和 ba 都是质数,则 a 和 b 都是奇数,而且都不能等于 5. 因此

$\{a,b\} = \{1,3\}, \{1,7\}, \{1,9\}, \{3,7\}, \{3,9\}, \{7,9\}$

因为 39 和 91 不是质数,所以只有 4 种可能,因此有 8 个这种形式的数. 　　　　　　　　　　　(C)

18. $N!$ 定义为 $N! = N \times (N-1) \times (N-2) \times \cdots \times 3 \times 2 \times 1$. 例如,$6! = 6 \times 5 \times 4 \times 3 \times 2 \times 1 = 720$. $20!$ 的最后一个非零数字是(   ).

A. 2 　　B. 4 　　C. 5

D. 6 　　E. 8

解 因为我们只求最后一个非零数字,所以集中考虑前 20 个自然数的个位数字,特别注意何时会引入新的 0,数 1,10 和 11 对最后一个非零数字没有影响. 另一些数组也可不必计入,因为它的乘积末位数字是 1. 这些数组是:7,9 和 17,以及 3,13 和 19. 还有一对数也可去掉,即 2 和 5. 12 和 15 之积(= 180)的效果与用 8 乘最后一位非零数字是一样的. 这就剩下 4,6,8,14,16,18 和 20,从 180 中的 8 开始,相继乘以这些数,依次得到最后一位非零数字:8,2,2,6,4,4,2 和 4.

(B)

19. 在一个立方体的八个点分别写上数字 1,

$2,\cdots,8$,使得六个面的顶点上的数字的集合为:$\{1,2,6,7\}$,$\{1,4,6,8\}$,$\{1,2,5,8\}$,$\{2,3,5,7\}$,$\{3,4,6,7\}$和$\{3,4,5,8\}$.写有下列哪个数字的顶点与写有数字6的顶点距离最远?(   ).

  A.1   B.3   C.4

  D.5   E.7

解 由三个集合$\{1,2,5,8\}$,$\{2,3,5,7\}$和$\{3,4,5,8\}$可知,顶点5必定与顶点2,3和8相邻.(在三个面上)与顶点5相对的三个顶点是1,7和4,在立方体的对角线上与顶点5相对的顶点是6. (D)

20.五户人家P,Q,R,S,T与另外五户人家U,V,W,X,Y分别位于一条大街的两侧,彼此隔街相对,如图7所示.

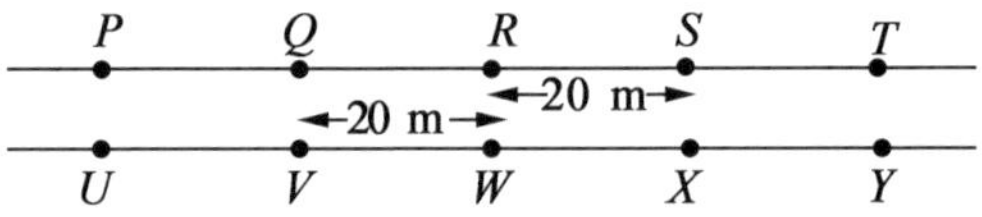

图7

同一侧的人家间隔为20 m.一位邮递员试图决定采用路线$PQRSTYXWVU$或者采用路线$PUQVRWSXTY$递送信件,他发现在两种情况下经过的总距离是相同的.总距离是(   ).

  A.160 m   B.175 m   C.180 m

  D.215 m   E.220 m

解 设大街的宽度是x m,则第一条路线的长度是$80+80+x$,而第二条路线的长度是$5x+4\sqrt{20^2+x^2}$.因为两条路线长度相同,于是得到$40-x=$

第 3 章　1994 年试题

$\sqrt{400+x^2}$, 即 $(40-x)^2 = 400 + x^2$, 即 $1600 - 80x + x^2 = 400 + x^2$, 即 $x = \dfrac{1200}{80} = 15$. 因此, 总距离是 $80 + 80 + 15 = 175$. 　　　　　　　　　　　　　(B)

21. 在学校礼堂里举办了一场学生演出, 成人门票一张 75 分, 儿童门票一张 25 分, 共收入 330 元. 礼堂中有 600 个座位没有坐满. 观看这场演出的成人人数最少是(　　).

A. 359 人　　　　B. 300 人　　　　C. 365 人

D. 361 人　　　　E. 367 人

解　设成人人数是 a, 儿童人数是 c, 则
$$0.75a + 0.25c = 330 \qquad (1)$$
我们还要求 $a + c < 600$. 符合这些条件最少成人人数是最接近于满足方程(1)和 $a + c = 600$ 的解, 其中 $a + c < 600$. 把 $c = 600 - a$ 代入方程(1), 得到 $0.75a + 0.25(600 - a) = 330$, 即 $0.5a + 150 = 330$, 即 $0.5a = 180$ 或 $a = 360$. 这个解(包括 $c = 240$), 使礼堂坐满了. 下一个解 $a = 361, c = 237$ 是使得礼堂有空座位的成人人数最少的解.　　　　　　　　　　　　　(D)

22. 在图 8 所示的矩形中, ST 和 UQ 垂直于 PR. 如果 $PQ = 18, QR = 12$, 则平行四边形 $TQUS$ 的面积是(　　).

A. 144　　　　B. 132　　　　C. 96

D. 72　　　　　E. 120

47

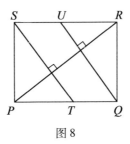

图8

解 注意到 $\triangle SPT$ 和 $\triangle PQR$ 是相似的,所以 $\dfrac{PT}{PS} = \dfrac{QR}{PQ}$,因此 $PT = QR \cdot \dfrac{PS}{PQ} = 12 \times \dfrac{12}{18} = 8$. 于是 $TQ = PQ - PT = 18 - 8 = 10$,平行四边形 $TQUS$ 的面积是 $TQ \cdot PS = 10 \times 12 = 120$.

(E)

23. 当一个两位数除以它的两个数字之和时,可能得到的最大余数是( ).

A. 13   B. 14   C. 15

D. 16   E. 17

解 设这个数是 y,它的两个数字之和是 x. x 的最大可能值是 18,因此最大可能的余数是 17. 但是,由于 $x = 18$ 推出 $y = 99$,当 99 除以 18 时的余数是 9. 考虑余数 16. 这时,x 应当是 18 或 17,但是我们已经排除了 18. 对于 $x = 17$,我们有 $y = 98$ 或 89,但是这两个数除以 17 时的余数分别是 13 和 4,因此 16 是不可能的. 考虑余数 15. 我们已经排除了 x 的值是 18 和 17,于是考虑 $x = 16$. 这时 y 可能是 97,88 或 79,而 79 除以 16 时余数确实为 15.

(C)

24. 集合 $\{1,2,3,\cdots,50\}$ 的一个子集 P 具有这样

的性质:它的任何两个不同元素之和都不能被7整除.试问子集 P 最多能有多少个元素?(　　).

A. 21 个　　　　B. 22 个　　　　C. 23 个
D. 24 个　　　　E. 25 个

解　设 $r(a)$ 表示当 a 除以 7 时所得的余数. 因此,我们不能有 $a,b \in S, r(a) + r(b)$ 不能被 7 整除. 特别是,最多只能有一个数能被 7 整除. 其他余数 1,2,3, 4,5 和 6 可以组成三个集合 $\{1,6\}, \{2,5\}, \{3,4\}$,其中两个数的和都是 7,因此每一对数中只能有一个数作为余数出现. 例如,一个最大的集合是

$\{1,2,3,7,8,9,10,15,16,17,22,23,24,29,30,$
$31,36,37,38,43,44,45,50\}$　　　　(C)

25. $\triangle PQR$ 的三边与它的内切圆相切于点 S,T,U,如图 9 所示. S,T,U 把内切圆的圆周划分为 $TU:ST: US = 5:8:11$. $\angle TPU:\angle SRT:\angle UQS$ 是(　　).

A. 7:4:1　　　B. 8:5:2　　　C. 7:3:2
D. 11:8:5　　　E. 9:5:1

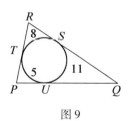

图 9

解　如图 10,设 O 为圆心,由于 $5 + 8 + 11 = 24$, $360 \div 24 = 15$,所以

$$\angle TOU = 5 \times 15° = 75°$$
$$\angle SOT = 8 \times 15° = 120°$$

和
$$\angle UOS = 11 \times 15° = 165°$$
因为 $OU \perp PQ, OS \perp QR$ 和 $OT \perp RP$,可知
$$\angle TPU + \angle TOU = \angle SRT + \angle SOT$$
$$= \angle UQS + \angle UOS = 180°$$
由此得到 $\angle TPU = 105°, \angle SRT = 60°$ 和 $\angle UQS = 15°$. 它们的比为 $7:4:1$.

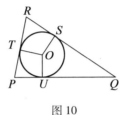

图 10

(A)

26. 正整数 N 恰好具有 6 个不同的正整数因子(包括 1 和 N 在内). 其中 5 个因子之积是 648. 下列哪个整数一定是 N 的另一个因子?( ).

A. 4   B. 9   C. 12

D. 16   E. 24

解 为了使 N 恰好具有 6 个不同的正整数因子,它必须具有形式 p^5 或者 pq^2,其中 p 和 q 都是质数. 在第一种情况,6 个因子是 $1, p, p^2, p^3, p^4, p^5$,而在第二种情况,6 个因子是 $1, p, q, q^2, pq, pq^2$. 在第一种情况,任何 5 个因子具有形式 p^k,然而 $648 = 2^3 \times 3^4$ 不具有这样的形式. 在第二种情况,所有因子的乘积是 $p^3 q^6$. 把这个表达式同 5 个因子之积 $2^3 \times 3^4$ 进行比较,可知 $p = 2$,

$q = 3$,而另一个因子是$3^2 = 9$.　　　　　　　(B)

27. 一个半径为 1 m 的圆和一个边长为 1 m 的正方形 PQRS 具有共同的中心.延长正方形各边与圆相交,如图 11 所示.有阴影区域的面积是(　　).

A. $\left(\dfrac{\pi}{3} + 1\right)$ m^2　　　　B. $\dfrac{\pi}{8}$ m^2

C. $\pi\left(1 - \dfrac{\sqrt{3}}{2}\right)$ m^2　　D. $\left(\dfrac{\pi}{3} - \dfrac{\sqrt{3}}{2} + 1\right)$ m^2

E. $\left(\dfrac{\pi}{3} + 1 - \sqrt{3}\right)$ m^2

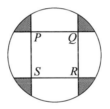

图 11

解法 1　作 OT 和 OU,如图 12 所示,OV 垂直于 TU,点 V 在 TU 上.这时,$\angle TOV = 60° = \dfrac{\pi}{3}$(注意:$OT = 1$,$OV = \dfrac{1}{2}$).

扇形 OUT 的面积 $= \dfrac{1}{2} \times 1^2 \times \dfrac{2\pi}{3} = \dfrac{\pi}{3}$

$\triangle OUT$ 的面积 $= \dfrac{1}{2} \times \sqrt{3} \times \dfrac{1}{2} = \dfrac{\sqrt{3}}{4}$

设一个阴影区域的面积是 x,而区域 $QRYX$ 的面积是 y. 这时 $2x + y = \dfrac{\pi}{3} - \dfrac{\sqrt{3}}{4}$. 于是 $8x + 4y = \dfrac{4\pi}{3} - \sqrt{3}$. 又有

$4x + 4y = \pi - 1$. 因此 $4x = \dfrac{\pi}{3} + 1 - \sqrt{3}$.

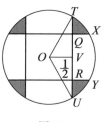

图 12

(E)

解法 2 如图 13 所示,作各线段. 注意: $OM = ON = 0.5, OT = OX = OY = 1$, 有

$$MY^2 + OM^2 = OY^2$$

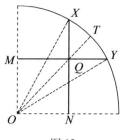

图 13

因此, $MY = \dfrac{\sqrt{3}}{2}$, 所以 $\angle MYO = 30°$. 但是 $\angle MYO = \angle YON$, 可知 $\angle TOY = 15°$, 由对称性, 有 $\angle XOY = 30°$. 扇形 OYX 的面积是 $\dfrac{30}{360} \times \pi = \dfrac{\pi}{12}$. $\triangle OQY$ 的面积等于 $\triangle OMY$ 的面积减去 $\triangle OMQ$ 的面积, 即 $\dfrac{\sqrt{3}}{8} - \dfrac{1}{8}$. 因

此,所求的 $QYTX$ 的面积等于扇形 OYX 的面积减去 $\triangle OQY$ 的面积的二倍,即

$$\frac{\pi}{12} - 2\left(\frac{\sqrt{3}}{8} - \frac{1}{8}\right) = \frac{\pi}{12} - \frac{\sqrt{3}}{4} + \frac{1}{4}$$

所以,所求的总面积是

$$4\left(\frac{\pi}{12} - \frac{\sqrt{3}}{4} + \frac{1}{4}\right) = \frac{\pi}{3} - \sqrt{3} + 1$$

28. 从 100 到 999(包含 100 和 999)有多少个这样的三位数,其一个数字是另外两个数字的平均值( ).

A. 121　　　　B. 117　　　　C. 112

D. 115　　　　E. 105

解　首先考虑三个数字相等的情况,这时有 9 个数:111,222,…,999. 然后考虑三个数字不全相等的情况:平均值为 8 的,只有一种组合 897;平均值为 7 的,有两种组合 786 和 795;平均值为 6 的,有三种组合 675,684 和 693;平均值为 5 的,有四种组合 564,573,582 和 591;由于对称性,平均值为 4 的,有四种组合 453,462,471 和 480;平均值为 3 的,有三种组合 342,351 和 360;平均值为 2 的,有两种组合 231 和 240;平均值为 1 的,只有一种组合 120. 共有 20 种组合,对于其中不含 0 的 16 种组合,每种组合有 6 个不同的数,对于含有 0 的 4 种组合,每种组合有 4 个不同的数(0 不能在首位). 因此,这种数总共有 $9 + 16 \times 6 + 4 \times 4 = 121$(个).　　　　　　　　　　　　(A)

第4章　1995年试题

1. $\dfrac{8}{5}$ 等于( ).

A. 0.625　　　B. 1.667　　　C. 1.8

D. 1.6　　　E. 0.6

解　$\dfrac{8}{5}$ 等于 $1+\dfrac{3}{5}$,即 1.6.　　　　(D)

2. $0.8\times(0.3+0.7)$ 等于( ).

A. 0.94　　　B. 0.08　　　C. 0.176

D. 0.8　　　E. 8

解　$0.8\times(0.3+0.7)=0.8\times1.0=0.8\times1=0.8$.　　　　(D)

3. 在图1中,x 的值是( ).

A. 99　　　B. 98　　　C. 101

D. 109　　　E. 111

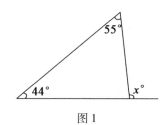

图1

解　这里,x 是三角形的一个外角,它的值等于两个不相邻的内角之和,即 $44+55=99$.　　　　(A)

第4章　1995年试题

4. 如果数 n 除以 16 得到 30, 余数为 2, 则 n 等于( ).

　　A. 62　　　　B. 322　　　　C. 478

　　D. 482　　　E. 428

解　由题意

$$\frac{n}{16} = 30\cdots\cdots 2$$

即 $n = 480 + 2 = 482$.　　　　　　　　　(D)

5. 一列火车在上午 11:47 从格兰维尔(Granville)出发,下午 12:36 到达彭里斯(Penrith). 从格兰维尔到彭里斯的这次旅行用了多少时间?(以分计)(　　).

　　A. 36 min　　　B. 49 min　　　C. 89 min

　　D. 71 min　　　E. 51 min

解　12:00 前经过 13 min,12:00 后又经过 36 min,总共用了 13 + 36 = 49(min).　　(B)

6. 下列各数中哪一个数是 $\frac{1}{5}$ 和 $\frac{13}{25}$ 的中间值?( ).

　　A. $\frac{17}{25}$　　　　B. $\frac{7}{15}$　　　　C. $\frac{3}{5}$

　　D. $\frac{9}{25}$　　　　E. $\frac{8}{25}$

解　所求的数是 $\frac{1}{5}$ 和 $\frac{13}{25}$ 的平均值,即

$$\frac{\frac{1}{5} + \frac{13}{25}}{2} = \frac{\frac{5+13}{25}}{2} = \frac{18}{50} = \frac{9}{25} \quad (D)$$

7. 人的骨骼占人的体重的 18%,一个人的体重为

75 kg,其骨骼为( ).

A.13.5 kg　　　B.12.0 kg　　　C.61.5 kg

D.63.0 kg　　　E.18.0 kg

解 骨骼的重量为

$$0.18 \times 75 = \frac{18 \times 3}{4} = \frac{54}{4} = 13.5$$

(A)

8. 在图2中,最大角是( ).

A.135°　　　B.120°　　　C.116°

D.130°　　　E.125°

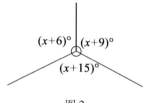

图2

解 如图2所示,三个角之和必定为360°,即$(x+6)+(x+9)+(x+15)=360$,即$3x+30=360$,即$x=110$.因此,最大角是$110+15=125$.

(E)

9. 十个数之和是2 624.如果把这十个数中的一个数由456变为654,则新的和是( ).

A.2 168　　　B.2 426　　　C.3 278

D.2 812　　　E.2 822

解 十个数之和增加$654-456=198$.因此新的和是$2\,624+198=2\,822$.　　　　(E)

10. 如果 $a<b<c<d<e$,则下列哪个不等式永远为真?( ).

A. $a+e<b+d$ B. $a+e<b+c+d$

C. $b+d<a+e$ D. $a+b+c<c+d+e$

E. $a+c+e<b+d$

解 A 为假,因为 $1<2<3<4<10$,但是 $1+10>2+4$.

B 为假,通过与 A 比较即可得知.

C 为假,因为 $1<5<6<7<8$,但是 $5+7>1+8$.

D 为真.

E 为假,因为 $1<2<3<4<5$,但是 $1+3+5>2+4$.

(D)

11. 使得 $\dfrac{2n}{5}<\dfrac{19}{3}$ 成立的最大的整数 n 是( ).

A. 16 B. 47 C. 6

D. 15 E. 9

解 如果

$$\dfrac{2n}{5}<\dfrac{19}{3}$$

则

$$n<\dfrac{95}{6}=15\dfrac{5}{6}$$

因此,使得这个不等式成立的最大的整数 n 是 15.

(D)

12. 如图 3,在 $\triangle PQR$ 中,$PR=14$,$PQ=10$. 延长边

RQ 与垂线 PS 相交于点 S, 使得 $QS = 5$. $\triangle PQR$ 的周长是 ( ).

A. $25 + 5\sqrt{2}$　　B. $24 + 3\sqrt{3}$　　C. 29
D. 30　　　　　　　　E. 31

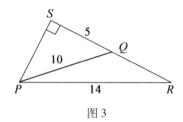

图 3

解 对于 $\triangle PQS$ 应用毕达哥拉斯定理
$$PS = \sqrt{100 - 25} = \sqrt{75}$$
对于 $\triangle PRS$ 应用毕达哥拉斯定理, 有
$$RS = \sqrt{14^2 - 75} = \sqrt{196 - 75} = \sqrt{121} = 11$$
因此, $RQ = 11 - 5 = 6$, 所以 $\triangle PQR$ 的周长是 $10 + 14 + 6 = 30$.

(D)

13. 牛顿(Newton) 先生把他的班级的学生分成每 4 人一组, 则余 2 人; 分成每 5 人一组, 则余 1 人. 如果他的班级有 15 个女生, 而女生人数比男生多, 那么他们班级的男生人数是( ).

A. 7 人　　　　B. 8 人　　　　C. 9 人
D. 10 人　　　E. 11 人

解 牛顿先生班级里学生的人数至少是 15 人, 至多是 29 人. 在这个范围内被 4 除余数为 2 的数是 18, 22 和 26. 其中只有 26 被 5 除余数为 1. 因此, 男生人数

是 26 - 15 = 11. (E)

14. 如果

$$\frac{a+b}{a-b} = \frac{7}{4}$$

那么 $\frac{a^2}{b^2}$ 等于( ).

A. $\frac{11}{3}$ B. $\frac{121}{9}$ C. $\frac{121}{16}$

D. $\frac{49}{9}$ E. $\frac{49}{16}$

解 如果

$$\frac{a+b}{a-b} = \frac{7}{4}$$

那么 $4a + 4b = 7a - 7b$, 即 $11b = 3a$, 即 $\frac{a}{b} = \frac{11}{3}$, 于是得到

$$\left(\frac{a}{b}\right)^2 = \frac{121}{9} \qquad (B)$$

15. 一个长方形被划分成四个小矩形,如图 4 所示.已知矩形 P, Q, R 的面积分别为 $2\ \mathrm{cm}^2, 4\ \mathrm{cm}^2$ 和 $6\ \mathrm{cm}^2$. 原矩形的面积为( ).

A. $24\ \mathrm{cm}^2$ B. $16\ \mathrm{cm}^2$ C. $8\ \mathrm{cm}^2$

D. $20\ \mathrm{cm}^2$ E. 条件不足

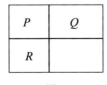

图 4

解 如图5,设矩形 P 的宽为 x,高为 y. 因此矩形 Q 的宽为 $2x$(因为它的高与 P 相同,而它的面积是 P 的二倍),类似地,矩形 R 的高为 $3y$. 于是整个矩形的面积是 $3x \times 4y = 12xy$,即 P 的面积的12倍,为 24 cm^2.

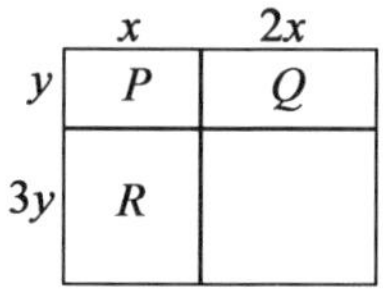

	x	$2x$
y	P	Q
$3y$	R	

图5

(A)

16. 1988年,弗洛伦斯·格里菲思·乔伊纳 (Florence Griffith Joyner)创下了女子百米短跑世界纪录10.49 s. 她的平均速度最接近下列哪一个值?( ).

A. 20 km/h   B. 25 km/h   C. 27 km/h

D. 30 km/h   E. 35 km/h

解 为了把 100 m/10.49 s 的单位化为 km/h,我们注意到每千米有 1 000 m,每小时有 3 600 s,并计算

$$100 \times \frac{1}{1\,000} \times \frac{3\,600}{10.49} = \frac{360}{10.49} \approx 35$$

(E)

17. 给定一个边长为4的正方形. 把第一个正方形各对邻边的中点相连,得到第二个正方形(图6). 用这种办法依次联结前一个正方形各对邻边的中点而得到一个较小的正方形. 第12个正方形的边长是( ).

A. $\frac{1}{4}$ B. $\frac{1}{8}$ C. $\frac{1}{16}$

第4章 1995年试题

D. $\dfrac{1}{8\sqrt{2}}$ E. $\dfrac{1}{16\sqrt{2}}$

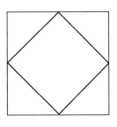

图6

解 注意,每进行一次,面积减少一半(表1).

表1

正方形的序数	1	2	3	4	5	6	…	12
面积	2^4	2^3	2^2	2^1	2^0	2^{-1}	…	2^{-7}

这样,第12个正方形的面积是2^{-7},所以它的边长是

$$(2^{-7})^{\frac{1}{2}} = \dfrac{1}{8\sqrt{2}} \qquad (\ D\ )$$

18. 和$3^{17}+7^{13}$的最末一位数字是(　　).

A. 1   B. 6   C. 4

D. 2   E. 0

解 我们可以通过展开幂3^n和7^n求出它们的末位数字来计算和式$3^{17}+7^{13}$的末位数字. 我们算出$3^1=3, 3^2=9, 3^3=27, 3^4=81$,并且继续下去,它们的末位数字构成循环序列3,9,7,1,3,…我们推出3^{17}的末位数字与3^1的末位数字相同,即为3. 类似地,算出7的各次幂,得到它们的末位数字的循环序列7,9,3,1,7,…,可知7^{13}的末位数字与7^1的末位数字相同,

即为7.最后相加,得到 $3+7=10$ 的末位数字,即0.

(E)

19. 在一个具有 p 列、q 行的表格中,填入从 1 到 pq 的所有整数.按由小到大的顺序来写,先写第 1 列,再写第 2 列,……数 20 处于第 3 列,数 41 处于第 5 列,而数 103 处于最末一列. $p+q$ 等于( ).

A. 21 　　　　B. 22 　　　　C. 23
D. 24 　　　　E. 25

解 如果数 20 出现在第 3 列,则行数只能是 7,8 或 9. 如果数 41 出现在第 5 列,则行数只能是 9 或 10(如果行数是 8,则第 5 列最末一个数是 40). 因此行数是 9. 如果 103 出现在最末一列,则这一列必定是第 12 列(第 11 列最末一个数是 99). 所以 $p=12, q=9$,而 $p+q=21$.

(A)

20. 在某一学校,星期一有 15 个学生缺席,星期二有 12 个学生缺席,星期三有 9 个学生缺席. 如果在这三天至少有一天缺席的学生有 22 人,那么在这三天都缺席的学生最多有( ).

A. 5 人 　　　　B. 6 人 　　　　C. 7 人
D. 8 人 　　　　E. 9 人

解 三天都缺席的学生最多不能是 8 人,因为如果是 8 人的话,在星期一其他缺席的学生只有 $15-8=7$ 人,在星期二只有 $12-8=4$ 人,在星期三只有 $9-8=1$ 人,即总共只有 $8+7+4+1=20$ 人. 最多 7 人是可能的. 这样,在星期一其他缺席的学生有 $15-7=8$ 人,在星期二有 $12-7=5$ 人,在星期三有 $9-7=2$

第4章　1995年试题

人,即总共有 $7+8+5+2=22$ 人.

(C)

21. 一个青年团体,如果有五个9岁的成员退出,或者有五个17岁的青年加入(两种情况不同时发生),其成员的平均年龄都将增加1岁.那么,这个团体原有成员的人数是(　　).

A. 20 人　　　　B. 22 人　　　　C. 24 人

D. 26 人　　　　E. 28 人

解 设这个团体成员的人数是 N,他们的年龄的总和是 T. 五个9岁的成员脱离会使平均年龄增加1,即

$$\frac{T-45}{N-5} = \frac{T}{N}+1 = \frac{T+N}{N}$$

五个17岁的青年加入也会产生同样的效果,即

$$\frac{T+85}{N+5} = \frac{T}{N}+1 = \frac{T+N}{N}$$

把这两个方程交叉相乘,得到方程

$$NT - 45N = NT + N^2 - 5T - 5N$$

和

$$NT + 85N = NT + N^2 + 5T + 5N$$

化简之后得到两个方程

$$N^2 + 40N = 5T$$
$$N^2 - 80N = -5T$$

相加,得到 $2N^2 - 40N = 0$,即 $N(N-20) = 0$. 关于这个方程,有意义的解是 $N = 20$. 　　(A)

22. 如图7,在标准的 8×8 的棋盘(带有黑白相间

的正方形格子)上,有204个正方形(64个1×1的正方形,49个2×2的正方形,等等).其中每个正方形的面积黑白各占一半,试问有多少个这样的正方形?
(   ).

  A. 120 个   B. 140 个   C. 102 个

  D. 84 个   E. 83 个

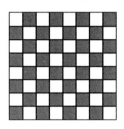

图 7

解 所要求的那些正方形的边长应当是偶数,即 49 个 2×2 的正方形,25 个 4×4 的正方形,9 个 6×6 的正方形,1 个 8×8 的正方形,共有 49 + 25 + 9 + 1 = 84 个.   (D)

23. 伊韦特(Yvette)用银丝连接成一些正八面体作为圣诞节的装饰物(图8),每个正八面体的相对两个顶点之间的距离等于10 cm.为了做一个这样的装饰物,她所需要的银丝的长度是(   ).

  A. $40\sqrt{2}$ cm   B. $40\sqrt{3}$ cm   C. $60\sqrt{2}$ cm

  D. $60\sqrt{3}$ cm   E. 60 cm

图 8

解 因为相对的两个顶点之间的距离是 10 cm,所以相邻的两个顶点之间的距离是 $\dfrac{10}{\sqrt{2}}$ cm. 构成这个正八面体的是 12 个这样长的棱,所以银丝的总长度是 $\dfrac{120}{\sqrt{2}}$ cm 即 $60\sqrt{2}$ cm. (C)

24. 如图 9,△PQR 是一个直角三角形,∠Q 是直角,PQ = QR = 6 cm. I 是其内切圆(即内切于其三边的圆)的中心. 这个圆的半径是( ).

A. $3\sqrt{2}$ cm B. $2\sqrt{3}$ cm C. $6-3\sqrt{2}$ cm

D. $\dfrac{3}{2}$ cm E. 3 cm

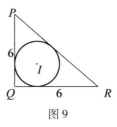

图 9

解法 1 由 I 向 △PQR 的三边作垂线(即内切圆的半径),三个垂足为 S,T 和 U,如图 10 所示. 设内切圆

的半径为 r，则 $QS = QU = r, RS = PU = 6 - r$. 因为 $\triangle PQR$ 是直角等腰三角形，所以 $PR = 6\sqrt{2}$，由于对称性，$PT = RT = 3\sqrt{2}$. 但是 $PU = 6 - r$，又因为 $PT = PU$（从点 P 向同一圆所引的两条切线），所以 $6 - r = 3\sqrt{2}$，即 $r = 6 - 3\sqrt{2}$.

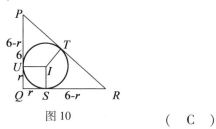

图 10

(C)

解法 2 因为
$$\triangle PQR = \triangle PIR + \triangle RIQ + \triangle QIP$$
$$= \frac{1}{2}(PR \times r + QR \times r + PQ \times r)$$

所以
$$r = \frac{2 \triangle PQR}{PQ + QR + RP} = \frac{2 \times 18}{12 + 6\sqrt{2}}$$
$$= \frac{6}{2 + \sqrt{2}} = 3(2 - \sqrt{2})$$

25. 老板在不同时间交给她的秘书一些信要求打字. 老板把这些信放在文件筐中，每次放一封，次序为 1,2,3,4,5,6；秘书在完成其他任务之间的空余时间每次从上面取一封信来打字. 试问下面哪一个次序不可能是秘书打字的次序?(   ).

　　A. 1,2,3,4,5,6　　　B. 1,2,5,4,3,6
　　C. 3,2,5,4,6,1　　　D. 4,5,6,2,3,1

E. 6,5,4,3,2,1

解 A 是可能的,如果秘书在收到第一封信时,随即分别打字了. B 是可能的,如果秘书在收到信 1 和信 2 时,随即分别打字了,而在收到信 3,信 4 和信 5 以后才打这三封信,最后打信 6. C 是可能的,如果秘书收到信 1,信 2 和信 3 以后,打完信 3 和信 2,而在打信 1 以前收到了信 4 和信 5,在打完这两封信后,才收到信 6. D 是不可能的,因为首先要打信 4,所以信 1,信 2,信 3,信 4 必须已经放在文件筐中,这就不可能先打信 2,后打信 3. E 是可能的,如果在秘书开始打字以前,六封信都已经放在文件筐中了. (D)

26. 八个 50 分的硬币(一个硬币有 12 个边)恰好可以排列在一张 10 元的纸币上,使得硬币的顶点处于纸币的边缘上,如图 11 所示.

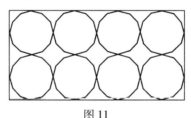

图 11

八个硬币覆盖了纸币面积的(　　).

A. $\dfrac{3}{4}$ 　　　　B. $\dfrac{\pi}{4}$ 　　　　C. $3(2-\sqrt{3})$

D. $\dfrac{3\sqrt{3}}{8}$ 　　　　E. $\dfrac{(\sqrt{2}+\sqrt{3})}{4}$

解 为了解这道题,只需计算一个正十二边形在一个正方形中所占的部分,这个正十二边形相对的四个顶点处于正方形四边的中点,如图 12 所示. 假设正方形的边长是 $2l$ 单位. 正十二边形由 12 个全等的等腰三角形组成(图中画出了一个),每个三角形有两条长度均为 l 的边,它们的夹角为 $30°$. 每个三角形的面积是 $\frac{1}{2}l \times l\sin 30° = \frac{l^2}{4}$. 因此,十二边形的总面积除以正方形的面积,结果是

$$\frac{\left(12 \times \dfrac{l^2}{4}\right)}{(2l)^2} = \frac{3}{4}$$

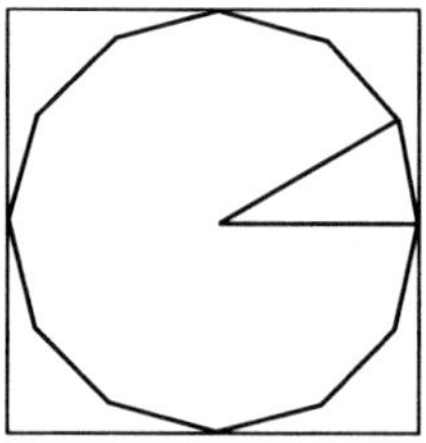

图 12 (A)

27. 有连在一起的 16 张邮票,如图 13 所示. 要挑选出相连的三张邮票,试问有多少种不同的方式?( ).

A. 41 种 B. 40 种 C. 42 种
D. 35 种 E. 44 种

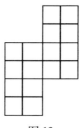

图 13

解 如图 14,我们分别数一数挑选下列各种形状的相连的三张邮票的不同方式的数目:

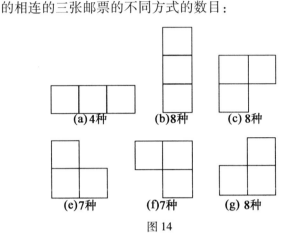

图 14

总共有 $4 + 8 + 8 + 7 + 7 + 8 = 42$.　　　　(C)

28. 莱普(R. P. Lap)和汤姆(K. Town)进行骑马比赛,距离为 1 km. 汤姆先跑出 48 m. 然后他们以各自的速度向前奔跑,结果莱普到达终点时,汤姆还差 2 m. 当莱普追上汤姆时他已经跑了多少米?(　　).

A. 980 m　　　　B. 930 m　　　　C. 940 m

D. 950 m　　　　E. 960 m

解法 1 汤姆跑 950 m 的时间莱普跑了 1 000 m. 设莱普追上汤姆时他已经跑了 x m,则在同样的时间里汤姆跑了 $(x - 48)$ m. 因此

$$\frac{x - 48}{x} = \frac{950}{1\ 000} = 0.95$$

$$x - 48 = 0.95x$$

$$x = 960 \qquad\qquad (E)$$

解法 2 莱普跑 1 000 m 的距离,超过汤姆 50 m;因此,为了赶上汤姆,即比汤姆多跑 48 m,莱普需要跑

$$\frac{48}{50} \times 1\,000 = 960 \text{ m}$$

29. PQRSTU 是一个正六边形,V 平分 PQ,W 和 X 是两个截点,如图 15 所示.试问梯形 WXST 的面积比 △UVW 的面积是( ).

A. 2　　　　B. 3　　　　C. $\dfrac{2}{\sqrt{3}}$

D. $\sqrt{3}$　　　E. $\sqrt{2}$

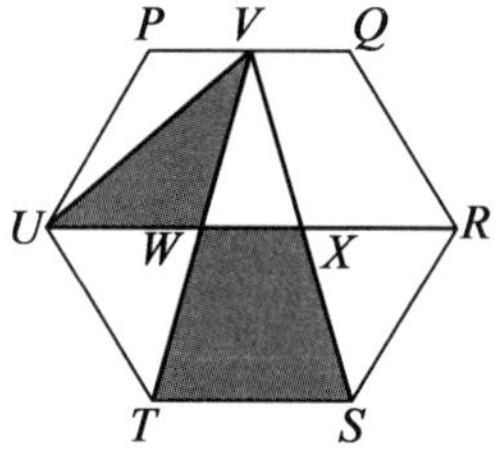

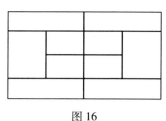

图 15

解 首先,注意到 RU = 2ST. 因此,△UVR 的面积 = △VTS 的面积,即梯形 WXST 的面积 = △UVW 的面积 + △RVX 的面积 = 2 × (△UVW 的面积).　　(**A**)

30. 图 16 是一个网球场,其中有多少个长方形? ( ).

图 16

A. 19 B. 29 C. 23
D. 30 E. 31

解 在图17中,已标号的顶点是各长方形左上角的顶点:

图17

这时,我们可以数出与每个标号顶点相关的长方形的个数(表2):

表2

顶点标号	长方形的个数
1	6
2	6
3	2
4	5
5	2
6	3
7	4
8	1
9	1
10	1
总数	31

(E)

第5章 1996年试题

1. $7x-5+7-5x$ 等于( ).

A. $2x-4$ B. $2x-2$ C. $2x+2$

D. $2x-6$ E. $2-2x$

解 $7x-5+7-5x=2x+2.$ (C)

2. 把 $\dfrac{2}{5}$ 表示为百分数,应当是( ).

A. 20%   B. 30%   C. 40%

D. 60%   E. 80%

解 $\dfrac{2}{5}=\left(\dfrac{2}{5}\times100\right)\%=40\%.$ (C)

3. $\dfrac{3x-6}{3}$ 等于( ).

A. $x-3$ B. $x-6$ C. $\dfrac{x-2}{3}$

D. $3x-2$ E. $x-2$

解 $\dfrac{3x-6}{3}=\dfrac{3(x-2)}{3}=x-2.$ (E)

4. 在图1中,x 的值是( ).

A. 50   B. 55   C. 60

D. 65   E. 70

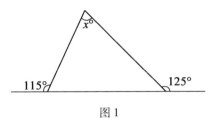

图 1

解 如图 2，由补角以及三角形内角之和的性质，我们有 $x + 65 + 55 = 180$. 于是，$x = 60$.

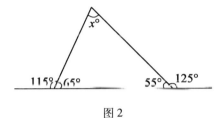

图 2

(C)

5. 如果 $5n + 7 > 100$，而 n 是一整数，则最小的可能的 n 值是( ).

A. 18   B. 19   C. 20
D. 21   E. 22

解
$$5n + 7 > 100$$
$$5n > 93$$
$$n > 18\frac{3}{5}$$

因此 $n = 19$.

(B)

6. 一次马拉松比赛从上午 11:30 开始，冠军在当天下午 1:47 达到终点. 冠军所用的时间是( ).

A. 117 min   B. 137 min   C. 177 min

D. 217 min E. 237 min

解 午前的时间为 30 min,午后的时间为 107 min,冠军所用的时间是 137 min. (B)

7. 在图 3 中,每个圆的面积是 1 cm². 任何一对相交圆重叠部分的面积是 $\frac{1}{8}$ cm². 五个圆覆盖区域的总面积是( ).

A. 4 cm²　　B. $4\frac{1}{2}$ cm²　　C. $4\frac{3}{8}$ cm²

D. $4\frac{7}{8}$ cm²　　E. $4\frac{3}{4}$ cm²

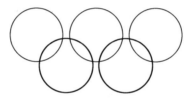

图 3

解 总面积 A 由下式给出

$A = 5$ 个圆的面积 $-$ 重叠部分的面积

$= 5 - (4 \times \frac{1}{8}) = 5 - \frac{1}{2} = 4\frac{1}{2}$

(B)

8. 1 kg 甜饼有 24 块到 30 块. 240 块甜饼至少重( ).

A. 7　　B. 7.5　　C. 8

D. 8.5　　E. 10

解 最轻的甜饼每千克有 30 块. 240 块甜饼至少

重 $\frac{240}{30}= 8(\text{kg})$. (C)

9. 在下列三角形中,哪一个具有最大的面积?( ).

A.   B.   C.

D. 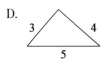 E.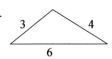

解 因为选项中的每个三角形都具有长度分别为 3 单位和 4 单位的两条边,所以当这两条边成直角时三角形的面积最大,这种情况出现在 3—4—5 三角形中. (D)

10. 安(Ann)和巴巴拉(Barbara)按 3∶2 的比例分享 250 元的奖金. 巴巴拉得到的部分是( ).

A. 50 元   B. 100 元   C. 125 元

D. 150 元   E. 200 元

解 巴巴拉得到的部分(以元计)是

$$\frac{2}{3+2} \times 250 = \frac{2}{5} \times 250 = 100 \quad (B)$$

11. 在下列数中,哪一个数最大?( ).

A. $\dfrac{4}{0.4}$ B. $\dfrac{4}{0.44}$ C. $\dfrac{4}{(0.4)^2}$

D. $\dfrac{4}{\sqrt{0.44}}$ E. $\dfrac{4}{(0.44)^2}$

解 因为所有的分子都是 4,所以我们需要选择分母最小的分数,这个分母显然是$(0.4)^2 = 0.16$.

(C)

12. $\dfrac{m}{m-n} + \dfrac{n}{n-m}$ 等于( ).

A. $n^2 - m^2$ B. $2mn$

C. $\dfrac{mn + m^2 + n^2}{m^2 - n^2}$ D. 1 E. $m - n$

解 $\dfrac{m}{m-n} + \dfrac{n}{n-m} = \dfrac{m}{m-n} - \dfrac{n}{m-n}$

$$= \dfrac{m-n}{m-n}$$

$$= 1 \qquad (D)$$

13. 如图 4,$\triangle PRS$ 是等边三角形,它的面积是 $\triangle PRQ$ 的面积的 $\dfrac{1}{2}$. $\angle PRQ$ 的大小是( ).

A. $75°$ B. $80°$ C. $90°$

D. $100°$ E. $120°$

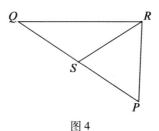

图 4

解 如图 5,因为 $\triangle PSR$ 是等边三角形,所以每个角都是 $60°$. 因为 $\triangle PRS$ 的面积是 $\triangle PQR$ 的面积的一半,所以它与 $\triangle SRQ$ 的面积相等. 因为这两个三角形具有相同的面积和由 R 向 PQ 所引的相同的高,所以它们的底 PS 和 SQ 相等,因此 RS = SQ. 现在, ∠QSR = 120°, ∠SRQ = ∠SQR = 30°. 于是 ∠PRQ = 60° + 30° = 90°.

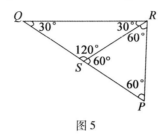

图 5

(C)

14. 十个学生参加一次考试,这次考试满分是 100 分. 在这次考试中十个学生所得分数的平均值是 92 分. 试问一个成绩最差的学生可能得到的最低分是( ).

A. 20 分   B. 90 分   C. 92 分

D. 40 分   E. 0 分

解 只有九个学生都得满分,即共得 900 分,一个成绩最差的学生才能得到最低分 x. 这时,有

$$\frac{900 + x}{10} = 92$$

即 $x = 20$. (A)

15. 某俱乐部的标志是一个画有"Y"的菱形,使得"Y"的交点处于菱形的中心,并且"Y"将菱形的两个边平分,如图 6 所示. 阴影区域的面积占整个标志面积的( ).

A. $\frac{1}{3}$ B. $\frac{1}{4}$ C. $\frac{2}{5}$

D. $\dfrac{3}{8}$ E. $\dfrac{5}{12}$

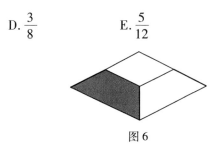

图6

解 如图7,仔细观察可知,这个圆形是由8个全等的三角形构成的,其中3个为阴影区域.

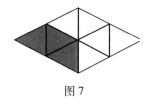

图7

(D)

16. 设 $n = 1 + 3 + 5 + \cdots + 999, m = 2 + 4 + 6 + \cdots + 1\,000$,则 $m - n$ 等于( ).

A. 500   B. 1 000   C. -499
D. 499   E. 501

解 $n = 1 + 3 + 5 + \cdots + 999, m = 2 + 4 + 6 + \cdots + 1\,000$,所以

$$m - n = (2-1) + (4-3) + \cdots + (1\,000 - 999)$$
$$= \underbrace{1 + 1 + 1 + \cdots + 1}_{500 \text{个}}$$
$$= 1 \times 500$$
$$= 500$$

(A)

17. 一位油漆匠站在梯子的一阶上,他看出在他所站一队下面的阶数是上面的阶数的两倍.当下降8阶

以后,在他所站一阶下面的阶数与上面的阶数相等.梯子的阶数是( ).

A. 27 阶　　　　B. 31 阶　　　　C. 32 阶
D. 48 阶　　　　E. 49 阶

解法 1　设梯子有 $n+1$ 阶,则

$$\frac{2n}{3} - 8 = \frac{n}{2}$$

$$4n - 48 = 3n$$

$$n = 48$$

$$n + 1 = 49$$

所以梯子有 49 阶.　　　　　　　　　　　　　(E)

解法 2　从梯子的 $\frac{2}{3}$ 到 $\frac{1}{2}$ 通过了阶数的 $\left(\frac{2}{3} - \frac{1}{3}\right) = \frac{1}{6}$,为 8 阶.所以,8 是阶数(除了他所站的一阶以外)的 $\frac{1}{6}$.因此,梯子有 $(6 \times 8) + 1 = 49$ 阶.

18. OX, OY 是 $\frac{1}{4}$ 圆的两个半径.以 XY 为直径画一个半圆,如图 8 所示. T, S 和 C 表示圆中的三角形、弓形和月牙形. $\dfrac{\text{面积 } T}{\text{面积 } C}$ 等于( ).

A. $\dfrac{3}{\pi}$　　　　B. 1　　　　C. $\dfrac{13}{4\pi}$

D. $\dfrac{7}{2\pi}$　　　　E. $\dfrac{15}{4\pi}$

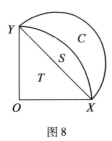

图 8

解 设 $\frac{1}{4}$ 圆的半径是 r. 由毕达哥拉斯定理,在 $\triangle YOX$ 中, $YX = \sqrt{r^2 + r^2} = r\sqrt{2}$. $T + S$ 是半径为 r 的圆的 $\frac{1}{4}$,于是

$$T + S = \frac{1}{4}\pi r^2$$

$S + C$ 是立于长度为 $r\sqrt{2}$ 的直径上的半圆,于是

$$S + C = \frac{1}{8}\pi (r\sqrt{2})^2 = \frac{\pi r^2}{4}$$

现在有

$$(T + S) - (C + S) = T - C = \frac{\pi r^2}{4} - \frac{\pi r^2}{4} = 0$$

即 $T = C$,因此

面积 T:面积 $C = 1$ (B)

注 通过计算出 T 和 C 的面积都是 $\frac{1}{2}r^2$,也可得到同样的结果.

19. 一个大西瓜重 20 kg,其重量的 98% 是水分. 把它放在阳光下来晒,其中一些水分蒸发了,结果只有 95% 是水分了. 现在其重量是(   ).

第5章　1996年试题

A. 17 kg　　　　B. 19.4 kg　　　C. 10 kg
D. 19 kg　　　　E. 8 kg

解　原来,西瓜的98%是水分,所以固体成分为其重量的2%,即$\frac{1}{50} \times 20 = \frac{2}{5}$(kg). 后来,水分占其重量的95%,而固体成分为其重量的5%,即$\frac{1}{20}$. 因此现在它的重量是$20 \times \frac{2}{5} = 8$(kg).　　　　(E)

20. 把-5和4之间(包括-5和4)的奇数与-5和4之间(包括-5和4)的偶数配对. 设N是这些数对之积的和,N可能的值是(　　).

A. -41　　　　B. -40　　　　C. -28
D. -10　　　　E. 0

解　最小的乘积由最小的奇数与最大的偶数配对而得到

-5	-3	-1	1	3
4	2	0	-2	-4
-20	-6	0	-2	-12

因此,得到的最小的和是-40.　　　　(B)

21. 在5×5的正方形中,排列着数1,2,3,4,5,使得每个数在每行中恰好出现一次,在每列中也恰好出现一次. 如图9所示的5×5的正方形中,写着x的空格中的数应当是(　　).

A. 1　　　　B. 2　　　　C. 3
D. 4　　　　E. 5

1	2			
				1
		x	4	
2		5		
	5			4

图9

解法1 第一列中的第三个空格必定是3,因而第三行应当是3,2,4,5,1 最后一列是3,5,1,2,4. 现在,第一行是1,4,5,2,3. 在最后一行中,2 只能放在第三个空格,而第二行应当是2,3,1,4,5,所以 $x = 1$.

(A)

解法2 左下角的空格必定是3. 假设 x 不是1,那么它必定是3,因为它上面有2,下面有5,右面有4. 这时,x 左面的数必须是5,结果第二列中有两个4,这是不允许的,因而 x 必定是1.

注 这种解法没有用到中间一行中给出的数5. 如果没有给出这个数,则这个空格中有两种填写方式. 请读者验证之.

22. 在一个很小的城市,电话号码只有两位数字,可以取从数00至99的所有的数,但是这些数并未完全使用. 如果把一个使用的数的两个数字交换位置,那么所得的数或者保持不变,或者成为一个未使用的数. 试问这个城市使用的电话号码最多有多少个?(   ).

A. 少于45 个   B. 45 个

C. 在45 个和55 个之间   D. 55 个

E. 多于55 个

解 一个电话号码必为下列类型之一：

(1) 一对相同的数字；

(2) 一对不同的数字.

类型(1)的电话号码有10个,并且都可以使用. 类型(2)的电话号码有 $10 \times 9 = 90$ 个,有一半可以使用(号码 ab,交换数字后成为 ba). 总共有 $10 + 45 = 55$ 个. (D)

23. 未经格林(Green)太太允许,她的五个孩子中的一个或几个孩子就把一些果酱饼吃掉了. 当她盘问时,五个孩子分别回答如下：

阿塞(Ace)：一个人吃了果酱饼；

比伊(Bea)：两个人吃了果酱饼；

塞克(Cec)：三个人吃了果酱饼；

迪伊(Dee)：四个人吃了果酱饼；

伊夫(Eve)：五个人吃了果酱饼.

格林太太根据过去她对孩子品行的了解(诚实的孩子不偷吃,偷吃的孩子不诚实),就知道谁说的是谎话,谁说的是实话. 吃了果酱饼的孩子的人数是( ).

A. 1个 B. 2个 C. 3个

D. 4个 E. 5个

解 因为5个孩子说的话相互矛盾,所以最多只有1个人说的是实话. 他们也不能都说谎,否则伊夫说的是实话,但是他本人也吃了果酱饼. 只有迪伊说恰有1个人没有吃果酱饼. 由此可知,只有迪伊没有吃果

酱,即 4 个人吃了果酱饼.   (D)

24. 一个四边形外切于一个圆,如图 10 所示.四边形的周长与圆的周长之比是 4∶3.四边形的面积与圆的面积之比是( ).

A. 4∶π　　　B. $3\sqrt{2}$∶π　　C. 16∶9

D. π∶3　　　E. 4∶3

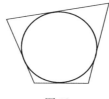

图 10

解 如图 11,连接圆心与四个切点.每个半径都是切线的垂线.现在,$AB = AD$(由圆外一点所引的两条切线).设 $AB = AD = a$,对于圆中的 b,c 和 d,情况相同.现在,

$$\frac{\text{四边形的周长}}{\text{圆的周长}} = \frac{2(a+b+c+d)}{2\pi r} = \frac{4}{3}$$

$ABOD$ 的面积 $= 2 \times \triangle AOD$ 的面积 $= ar$

于是

$$\frac{\text{四边形的面积}}{\text{圆的面积}} = \frac{r(a+b+c+d)}{\pi r^2}$$

$$= \frac{(a+b+c+d)}{\pi r}$$

$$= \frac{4}{3}$$

第 5 章　1996 年试题

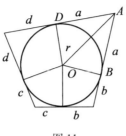

图 11

(E)

25. 棱二十 – 十二面体是一个半正 62 面体，其中 20 个面为等边三角形，30 个面为正方形，12 个面为正五边形．这个多面体有多少个棱？(　　).

A. 60 个　　　　B. 120 个　　　　C. 240 个

D. 230 个　　　　E. 115 个

解　所有面上的棱的总数是

$$(20 \times 3) + (30 \times 4) + (12 \times 5) = 240$$

但是每一个棱都计算了两次，因为它恰好出现在两个相邻的面上．因此，实际的棱数是 120.　　(B)

26. 半径分别为 2 cm, 3 cm, 4 cm 的三个轮子放在水平面上，且彼此相切，如图 12 所示．最大轮的中心和最小轮的中心之间的距离是(　　).

A. 12 cm　　　　　　B. $(2\sqrt{19 + 12\sqrt{2}})$ cm

C. $(2\sqrt{21 + 12\sqrt{2}})$ cm　　D. $2\sqrt{37}$ cm

E. $2\sqrt{35}$ cm

85

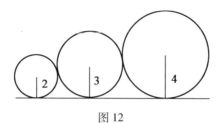

图 12

解 设三个圆心分别为 P,Q 和 R,三个圆与水平面的切点分别为 A,B,C,如图 13 所示. 联结 PQ,QR, PA,QB 和 RC. 注意,PQR 不是一条直线. 过 P 作直线平行于 AC,过点 Q 作直线平行于 AC. 这时,由两个小直角三角形,有

$$AB = \sqrt{5^2 - 1} = \sqrt{24}$$
$$BC = \sqrt{7^2 - 1} = \sqrt{48}$$

因此,$AC = \sqrt{24} + \sqrt{48} = \sqrt{24}(1+\sqrt{2})$. 由最大的直角三角形可知所求的距离是

$$PR = \sqrt{24(1+\sqrt{2})^2 + 2^2} = \sqrt{24(3+2\sqrt{2})+4}$$
$$= \sqrt{76 + 48\sqrt{2}} = 2\sqrt{19 + 12\sqrt{2}}$$

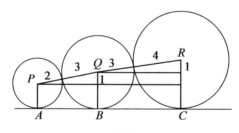

图 13

(B)

第5章 1996年试题

27. 有多少个正整数 x, 使得 x 和 $x+99$ 都是完全平方?( ).

A. 1　　　　B. 2　　　　C. 3

D. 49　　　　E. 99

解　设 $x = r^2$ 和 $x + 99 = n^2$, 则
$$r^2 + 99 = n^2$$
$$99 = n^2 - r^2$$
$$= (n+r)(n-r)$$

又
$$99 = 1 \times 3 \times 3 \times 11$$
$$= 9 \times 11$$

或者 3×33, 或者 1×99. 即对于 n 和 $r(n > r)$, 只存在 3 种可能的情况, 它们是 $n = 10, r = 1; n = 18, r = 15$ 以及 $n = 50, r = 49$. 因此存在 3 个 $x(=r^2)$ 的值, 即 1, 225 和 2 401. 　　　　　　　　　　(C)

28. 一个四边形的四个顶点与一个内点的距离分别为 1 m, 2 m, 3 m 和 4 m. 这些顶点所处的位置使得四边形面积为最大. 最大面积是( ).

A. 12.5 m²　　　B. 12 m²　　　C. 24 m²

D. 10 m²　　　E. 15 m²

解　如果一个三角形的两边为 r_1 和 r_2, 它们的夹角为 θ, 则这个三角形的面积是 $\frac{1}{2}r_1 r_2 \sin\theta$, 当 $\theta = 90°$ 时取最大值. 因此, 给定的四边形的面积是

$$\frac{1}{2}(r_1 r_2 \sin\theta_1 + r_2 r_3 \sin\theta_2 + r_3 r_1 \sin\theta_3 + r_4 r_1 \sin\theta_4)$$

其中 $\theta_1 + \theta_2 + \theta_3 + \theta_4 = 360°$,当 $\theta_1 = \theta_2 = \theta_3 = \theta_4$ 时,这个面积取最大值.代入 $r_1 = 1, r_2 = 2, r_3 = 4$ 和 $r_4 = 3$,得到最大面积 12.5(图 14).

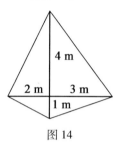

图 14

(A)

29. 一个矩形被一些与其边平行的线段分割成一个六边形和一个八边形,如图 15 所示(未按比例画). 八边形的边长按某种次序分别为 1,2,3,4,5,6,7,8 单位. 六边形的最大面积是(　　).

A. 24　　　　B. 27　　　　C. 30
D. 33　　　　E. 36

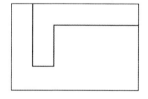

图 15

解　用字母表示八边形的各边,如图 16 所示. 如果 $g = 7$,则 $h = 8$,$\{a,c,e\} = \{1,2,4\}$. 因为 $b + f = d + h$,所以 $d = 3$. 为使六边形的面积为最大,必须取 $a = 1, c = 4, e = 2, b = 6$ 和 $f = 5$,得到面积 30. 如果

$g=8$,则 $h=7$,$\{a,c,e\}=\{1,2,5\}$ 或 $\{1,3,4\}$. 因为 $b+f=d+h$,所以 $d=4$,$\{h,f\}=\{4,6\}$. 为使六边形的面积为最大,必须取 $a=1,c=5,e=2,b=6$ 和 $f=4$,得到面积 36.

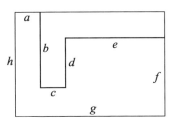

图 16

(E)

30. 在一次足球联赛中有 8 个队参加,每两个队要进行一场比赛,胜一场得二分,平一场得一分,负一场得零分. 一个队要确保进入前四名,需要积多少分?( ).

A. 8 分　　　　B. 9 分　　　　C. 10 分

D. 11 分　　　E. 12 分

解　因为有 8 个队,所以要进行 $\binom{8}{7}=28$ 场比赛,总共得分为 $28\times 2=56$ 分.

考虑积 10 分的一个队. 如果积分多的 5 个队彼此战平,且分别战胜积分少的 3 个队,而积分少的 3 个队彼此战平,那么就会有 5 个队各积 10 分,3 个队各积 2 分. 因此,积分 10 不能确保进入前 4 名.

考虑积 11 分的一个队. 如果这个队是第 5 名,那么积分多的5个队总共得分大于或等于55,这是不可能的,因为如果这样的话,积分少的3个队总共最多得1分,然而在这3个队彼此之间进行的3场比赛总共得分应为6分.因此,积11分可以确保进入前4名.

(D)

推广 假设有 n 个队参加比赛,我们想要确保进入前 k 名,$1 \leq k \leq n-1$.n 个队要进行 $\binom{n}{n-1}$ 场比赛,总得分为 $n(n-1) = n^2 - n$.

(i) 考虑积分为 $2n - k - 2$ 的一个队.

假设把这 n 个队分为 A 和 B 两组,A 组有 $k+1$ 个队,B 组有 $n-k-1$ 个队.假设每组中的各队彼此全都战平;A 组的各队全都战胜 B 组的各队.这时,A 组中的每一队积分都是 $2n-k-2$.因此,积 $2n-k-2$ 分不能确保进入前 k 名.

(ii) 考虑积分为 $2n-k-1$ 的一个队.

总得分为 $n^2 - n$.假设至少有 $k+1$ 个队每队至少积 $2n-k-1$ 分,那么这些队总共至少积 $(k+1)(2n-k-1) = 2nk + 2n - k^2 - 2k - 1$ 分.于是,其余 $n-k-1$ 个队的总积分为 $n^2 - 2nk - 3n + k^2 + 2k + 1$.这些队彼此之间进行的 $\binom{n-k-1}{n-k-2}$ 场比赛总共得分应为 $(n-k-1)(n-k-2) = n^2 - 2nk - 3n + k^2 + 3k + 2$.这就出现了矛盾.因此前 $k+1$ 个队中至少有一队的积分应少于 $2n-k-1$,因此,积 $2n-k-1$ 分可以确保进入前 k 名.这个问题是当 $n=8, k=4$ 时的特殊情况.要求的积分是 $16 - 4 - 1 = 11$.

第6章　1997年试题

1. (1 997 + 1 997)×50 等于(　　).

A. 99 850　　　　B. 198 500　　　C. 399 400

D. 199 800　　　　E. 199 700

解　(1 997 + 1 997)×50 = 1 997×2×50
= 1 997×100
= 199 700　　(　E　)

2. $\dfrac{1}{10}+\dfrac{1}{100}+\dfrac{1}{1\,000}$ 的值是(　　).

A. $\dfrac{111}{1\,000}$　　　B. $\dfrac{3}{1\,000}$　　　C. $\dfrac{111}{1\,110}$

D. $\dfrac{3}{1\,110}$　　　E. $\dfrac{3}{111}$

解　$\dfrac{1}{10}+\dfrac{1}{100}+\dfrac{1}{1\,000}=\dfrac{100+10+1}{1\,000}$
$=\dfrac{111}{1\,000}$　　(　A　)

3. 在图1中, x 的值是(　　).

A. 75　　　　B. 85　　　　C. 95

D. 125　　　E. 155

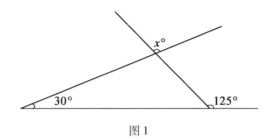

图1

解 125°角的邻角是55°. 由于三角形三内角之和为180°,所以 $x°$ 角的对顶角是95°,故 $x = 95$.

(C)

4. 每件物品价值为10分,x 件物品的价值(以元计)为( ).

A. $10x$ 元   B. $(10 + x)$ 元   C. $\dfrac{10}{x}$ 元

D. $\dfrac{x}{10}$ 元   E. $100x$ 元

解 价值(以元计)是 $(x \cdot 10) \div 100 = \dfrac{x}{10}$.

(D)

5. $10 \div 0.02$ 的值是( ).

A. 0.5   B. 200   C. 500

D. 50   E. 2 000

解 $10 \div 0.02 = \dfrac{10}{0.02} = \dfrac{1\,000}{2} = 500$.

(C)

6. 在一次竞赛的75 min内,钟表的时针转过的角度是( ).

A. 27.5° B. 30° C. 32.5°
D. 35° E. 37.5°

解 时针12小时扫过360°,因此 75 min = $1\frac{1}{4}$ h 时针转过

$$\frac{1\frac{1}{4}}{12} \times 360° = \frac{5}{48} \times 360° = \frac{75°}{2} = 37\frac{1}{2}°$$

(E)

7. 装有100个20分硬币的罐子重1 400 g. 如果空罐重230 g,那么一个20分硬币的重量最接近( ).

A. 10 g B. 11 g C. 12 g
D. 13 g E. 14 g

解 罐子中硬币的总重量是 1 400 - 230 = 1 170 g. 因此,一个硬币的重量是 $\frac{1\ 170}{100}$ = 11.7,最接近于 12 g.

(C)

8. 如图2,一个立方体的体积是216 cm³. 它的表面积是( ).

A. 216 cm² B. 288 cm² C. 144 cm²
D. 180 cm² E. 130 cm²

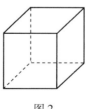

图2

解 设边长为 x cm,则 $x^3=216, x=6$。每一面为 6×6,所以表面积为 $6\times 6\times 6=216$ (cm^2)。

(A)

9. $\dfrac{(n+1)n}{2}-\dfrac{n(n-1)}{2}$ 的值是( )。

A. $n+1$　　　B. n　　　C. 0

D. $n-1$　　　E. $\dfrac{n^2}{2}$

解 $\dfrac{(n+1)n}{2}-\dfrac{n(n-1)}{2}=\dfrac{n^2+n-n^2+n}{2}$

$=\dfrac{2n}{2}=n$　(B)

10. 已知循环小数 $\dfrac{1}{7}=0.\dot{1}4285\dot{7}$ 和 $\dfrac{1}{9}=0.\dot{1}$,下面哪一个数表示 $\dfrac{1}{7}+\dfrac{1}{9}$ ( )。

A. $0.\dot{2}5396\dot{8}$　　B. $0.\dot{2}4285\dot{7}$　　C. $0.25\dot{9}6\dot{3}$

D. 0.253968　　E. 0.1142857

解 如果 $\dfrac{1}{7}=0.\dot{1}4285\dot{7}, \dfrac{1}{9}=0.\dot{1}$,那么 $\dfrac{1}{7}$ 和 $\dfrac{1}{9}$ 的各位小数相加都不会出现进位,并且得到 6 位数字的循环节,其中每一个数字都比 $\dfrac{1}{7}$ 的循环节中相应的数字大 1,即 $0.\dot{2}5396\dot{8}$。　　　　(D)

11. 在米塞拉梅(Miseramee)地区有一种传染病。一个月前,人口中的10%患有此病,90%是健康的,在最近一个月里,10%的患者康复了,而有10%的健康

人患此病.现在健康人占人口总数的( ).

A. 81% B. 82% C. 90%
D. 91% E. 99%

解 因为米塞拉梅地区人口总数没有变化,所以为了简化计算,我们可以假设人口数为 100. 一个月以前,10% 患病,即 10 人患病,90 人是健康的. 在最近一个月中,患者的 10% 康复了,即 $\frac{1}{10} \times 10 = 1$ 人康复了. 10% 的健康人即 $\frac{1}{10} \times 90 = 9$ 人患病了. 因此,现在有 $9 + 9 = 18$ 人患病,而 82 人即 82% 是健康的.

(B)

12. 在 1990 年,澳大利亚政府决定下一个十年在澳大利亚种植 1 000 000 000 棵树. 假如 1 000 000 000 果树在这十年中是陆续均匀种植的,那么平均每秒种植多少棵树?( ).

A. 0.03 B. 0.3 C. 3
D. 30 E. 300

解 1 年种植的树 $= \dfrac{1\,000\,000\,000}{10} = 10^8$

$$1\ \text{s 种植的树} = \frac{10^8}{365 \times 24 \times 60 \times 60}$$

$$\approx \frac{10^8}{400 \times 20 \times 4\,000}$$

$$\approx \frac{10^8}{32 \times 10^6}$$

$$\approx \frac{10^8}{3 \times 10^7} = \frac{10}{3} \approx 3 \quad (C)$$

13. 一条微型赛车的跑道是由一个大半圆和三个半径均为 100 m 的小半圆组成的,如图 3 所示.这条跑道的总长度是( ).

A. 150π m B. 200π m C. 300π m

D. 450π m E. 600π m

图 3

解 汽车跑道是由一个半径为 300 m 的半圆和三个半径为 100 m 的半圆组成的.跑道的总长度是

$$300\pi + 3 \times 100\pi = 600\pi \qquad (\ E\ )$$

14. 一块边长为 12 单位的等边三角形场地,用边长为 1 单位的小等边三角形花砖来铺盖.需要用多少块小花砖( ).

A. 12 B. 66 C. 120

D. 132 E. 144

解 大等边三角形的边长是小等边三角形的 12 倍,所以,大等边三角形的面积是小等边三角形的 12^2 倍.因此,需要 $12^2 = 144$ 块小花砖. (E)

15. 假设地球是球形的,试问由处于东经 90°、南纬 45° 的一点出发,沿最短路线到达处于西经 90°、北纬 45° 的一点所经过的距离,是地球周长的几分之几?( ).

A. $\dfrac{1}{2}$ B. $\dfrac{1}{4}$ C. $\dfrac{1}{6}$

D. $\dfrac{1}{3}$ E. $\dfrac{1}{8}$

解 东经90°、南纬45°的一点和西经90°、北纬45°的一点是地球的一条直径的两个端点. 因此这两点之间的最短距离是其半径为地球半径的一个半圆,所以这个距离是地球周长的 $\dfrac{1}{2}$. （ A ）

16.有多少个大于10、小于100的整数,当其两位数字颠倒次序时,比原数增加9( ).

A.1 B.4 C.8
D.9 E.10

解 设这样的数是 $10y+x$. 于是
$$10x+y-(10y+x)=9$$
$$9x-9y=9$$
$$x-y=1$$
$$y=x+1$$

因此,这些数是 12,23,34,45,56,67,78,89. （ C ）

17.把三支标枪掷向图4所示的靶牌上. 把三个得分相加,未中靶者按0分计. 试问最小的不可能得到的总分是多少?( ).

A.14 分 B.18 分 C.19 分
D.22 分 E.30 分

图4

解 直到 21 的每个数都能得到,例如:$14 = 8 + 3 + 3, 15 = 12 + 3 + 0, 16 = 8 + 8 + 0, 17 = 8 + 8 + 1, 18 = 12 + 3 + 3, 19 = 8 + 8 + 3, 20 = 12 + 8 + 0, 21 = 12 + 8 + 1$,但是,22 不能得到. (D)

18. 萨拉(Sarah)、本(Ben) 和路易斯(Louise) 每人为他们的妈妈购买了一份生日礼物,并且商定把购买这三份礼物的款数合起来,由三人平均负担. 如果每人购买的礼物已经由本人付款,那么萨拉多付了 1 元,本少付了 3 元,而路易斯付了 20 元. 这三份礼品的款数是( ).

A. 54 元　　　　B. 60 元　　　　C. 66 元
D. 48 元　　　　E. 57 元

解 设三份礼物款数的总和是 $3x$,则萨拉已付款 $(x+1)$ 元,本已付款 $(x-3)$ 元. 于是
$$(x+1) + (x-3) + 20 = 3x$$
$$x = 18$$
$$3x = 54$$
即款数的总和是 54 元. (A)

19. 一个三角形三边的长度是 a cm,$(a+1)$ cm 和 $(a+2)$ cm. a 的可能值是( ).

A. $a > 0$　　　B. $0 < a < 1$　　C. $a > 1$
D. $0 < a < 2$　　E. $a = 1$

解 在任何三角形中,两较短边之和必定大于较长边,即
$$a + (a+1) > a + 2$$
$$a > 1 \qquad (C)$$

第6章 1997年试题

20. 一个 $5 \times 5 \times 5$ 的立方体,在一个方向上开有 $1 \times 1 \times 5$ 的孔,在另一个方向上开有 $2 \times 1 \times 5$ 的孔,在第三个方向上开有 $3 \times 1 \times 5$ 的孔,如图5所示. 剩余部分的体积(以立方单位计)是( ).

A. 95 B. 99 C. 100
D. 101 E. 102

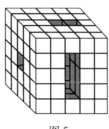

图5

解 $3 \times 1 \times 5$ 的孔去掉15个立方单位. $2 \times 1 \times 5$ 的孔又去掉 $5 + 2 = 7$ 个立方单位. $1 \times 1 \times 5$ 的孔又去掉3个立方单位. 总共去掉 $15 + 7 + 3 = 25$ 个立方单位,因此,剩余部分的体积是 $5 \times 5 \times 5 - 25 = 100$ 个立方单位. (C)

21. 当把 $10^{97} - 97$ 表示为一个简单的数时,这个数的所有数字之和是( ).

A. 873 B. 849 C. 858
D. 867 E. 107

解 这个数是 999…9 903,其中有95个9,因此它的数字之和是 $95 \times 9 + 0 + 3 = 858$. (C)

22. 如图6,一个窗户,形状是一个边长为60 cm的正方形,顶上再加一个半径为50 cm的圆弓形(此圆弓形小于半圆).这个窗户的最大高度是(　　).

A. 70 cm　　　　B. 80 cm　　　　C. 85 cm

D. 90 cm　　　　E. 100 cm

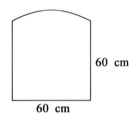

图6

解 如图7,在圆上作一些线段,其中 L 是圆弧的中心,LR 是竖直的半径.则 $LR = LN = 50$ cm.设 $LM = x$.
在 Rt△LMN 中

$$LN^2 = LM^2 + MN^2$$
$$50^2 = x^2 + 30^2$$
$$x^2 = 40^2$$
$$x = 40$$

因此 MR 是 10 cm,所以最大高度是 $60 + 10 = 70$ (cm).

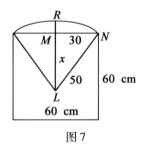

图7

(A)

23. 在下列五个数中哪一个数不等于其他任何一个数？（　　）．

A. $\dfrac{1\,996}{1\,997}$　　B. $\dfrac{996}{997}$　　C. $\dfrac{1\,997\,996}{1\,998\,997}$

D. $\dfrac{19\,971\,996}{19\,981\,997}$　　E. $\dfrac{996\,996}{997\,997}$

解　注意到，一个三位数乘以 $1\,001$，得到一个六位数，它的各位数字是把第一个数连着写两次，例如 $996 \times 1\,001 = 996\,996$，所以

$$\dfrac{996}{997} = \dfrac{996 \times 1\,001}{997 \times 1\,001} = \dfrac{996\,996}{997\,997}$$

于是 B = E. 此外，$1\,996 \times 1\,001 = 1\,997\,996$，所以

$$\dfrac{1\,996}{1\,997} = \dfrac{1\,996 \times 1\,001}{1\,997 \times 1\,001} = \dfrac{1\,997\,996}{1\,998\,997}$$

于是 A = C. 因此，不等于其他任何数的数是 D.

（ D ）

24. 如图 8，布凯姆（Bookem）城有一组十分奇怪的限速规定．在离城 1 km 处有一个 120 km/h 的标牌，在离城 $\dfrac{1}{2}\text{ km}$ 处有一个 60 km/h 的标牌，在离城 $\dfrac{1}{3}\text{ km}$ 处有一个 40 km/h 的标牌，在离城 $\dfrac{1}{5}\text{ km}$ 处有一个 24 km/h 的标牌．在离城 $\dfrac{1}{6}\text{ km}$ 处有一个 20 km/h 的标牌，如果你从 120 km/h 的标牌处出发一直以限定时速行驶，那么需要多长时间才能到达布凯姆城？（　　）．

A. 30 s　　B. $1\text{ min}\,13.5\text{ s}$　　C. $1\text{ min}\,42\text{ s}$

D. $2\text{ min}\,27\text{ s}$　　E. 3 min

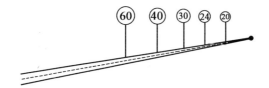

图8

解 以 120 km/h 的速度行驶的距离是 $\left(1-\dfrac{1}{2}\right)=\dfrac{1}{2}$ km，因此行驶的时间是

$$\dfrac{\dfrac{1}{2}\times 60\times 60}{120}=15\text{（s）}$$

以 60 km/h 的速度行驶的距离是 $\left(\dfrac{1}{2}-\dfrac{1}{3}\right)=\dfrac{1}{6}$（km），因此行驶的时间是

$$\dfrac{\dfrac{1}{6}\times 60\times 60}{60}=10\text{（s）}$$

以 40 km/h 的速度行驶的距离是 $\left(\dfrac{1}{3}-\dfrac{1}{4}\right)=\dfrac{1}{12}$（km），因此行驶的时间是

$$\dfrac{\dfrac{1}{12}\times 60\times 60}{40}=7.5\text{（s）}$$

以 30 km/h 的速度行驶的距离是 $\left(\dfrac{1}{4}-\dfrac{1}{5}\right)=\dfrac{1}{20}$ km，因此行驶的时间是

$$\dfrac{\dfrac{1}{20}\times 60\times 60}{30}=6\text{（s）}$$

以 24 km/h 的速度行驶的距离是 $\left(\dfrac{1}{5}-\dfrac{1}{6}\right)=\dfrac{1}{30}$（km），因此行驶的时间是

$$\dfrac{\dfrac{1}{30}\times 60\times 60}{24}=5\text{（s）}$$

以 20 km/h 的速度行驶的距离是 $\dfrac{1}{6}$ km，因此行驶的时间是

$$\dfrac{\dfrac{1}{6}\times 60\times 60}{20}=30\text{（s）}$$

总共需要 $15+10+7.5+6+5+30=73.5$（s）即 1 min13.5 s。　　　　　　　　　　　　　　（ B ）

25. 温格卡里（Wingecarribee）学校新建 5 个教室，平均每班减少 6 人．如果再建 5 个教室，那么平均每班又减少 4 人．假设学生总数保持不变，这个学校有多少学生？（　　）．

A．560 人　　　　B．600 人　　　　C．650 人
D．720 人　　　　E．800 人

解法 1　如表 1：

表 1

每班平均人数	班数	学生总数
n	k	nk
$n-6$	$k+5$	$nk+5n-6k-30$
$n-10$	$k+10$	$nk+10n-10k-100$

因为学生总数保持不变,所以必定有
$$5n - 6k - 30 = 0 \quad (1)$$
$$10n - 10k - 100 = 0 \quad (2)$$

$2 \times (1)$ 得
$$10n - 12k - 60 = 0 \quad (3)$$

$(2) - (3)$ 得
$$2k - 40 = 0$$
$$k = 20$$

由(1)有
$$5n = 120 + 30$$
$$n = 30$$

因此,学生总数是 $nk = 600$. (B)

解法 2 设 x 等于学生总数,n 等于最初的班数. 于是最初每班平均人数是
$$\frac{x}{n}$$

当增加 5 个班时,每班平均人数成为
$$\frac{x}{n+5}$$

因此
$$\frac{x}{n+5} = \frac{x}{n} - 6 \quad (1)$$

当再增加 5 班时,每班平均人数成为
$$\frac{x}{n+10}$$

于是

$$\frac{x}{n+10} = \frac{x}{n} - 10 \qquad (2)$$

解联立方程(1)和(2),得到 $n = 20, x = 600$.

26. 如图9，△PQR 的边长是 $PQ = 2, QR = 3$ 和 $RP = 4$. ∠P 和 ∠Q 的平分线相交于点 I. 试问 △PIQ 的面积和 △PQR 的面积之比是(　　).

A. $1:3$　　　B. $1:4$　　　C. $2:9$

D. $2:11$　　E. $3:19$

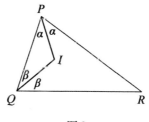

图9

解 如图10,由点 I 向三个边 PQ, QR 和 RP 作垂线,分别相交于 L, N 和 M. △PIL 和 △PIM, △QIL 和 △QIN 是全等三角形,因为它们分别有两个对应角和一条对应边相等. 由此可知, $IL = IN = IM$(可以认为这是 △PQR 的内心 I 的一个性质). 也就是说, △PIQ, △QIR 和 △RIP 具有同样的高,因此它们的面积与它们的底成正比,即

△PIQ 的面积 : △QIR 的面积 : △RIP 的面积 $= 2:3:4$

所以,比

$$\frac{\triangle PIQ \text{ 的面积}}{\triangle PQR \text{ 的面积}} = \frac{2}{2+3+4} = \frac{2}{9}$$

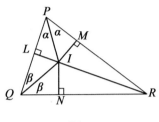

图10

(C)

27. 把一个边长为 N 的立方体的表面涂上颜色,然后把它分割成大小相同的 N^3 个小立方体. 在这些小立方体中,有一些各面均未涂色,有些只有一面涂色,有一些两面或三面涂色. 假设各面均未涂色的小立方体的个数等于只有一面涂色的小立方体的个数,这时 N 的值是(　　).

A. 6　　　　B. 7　　　　C. 8

D. 9　　　　E. 10

解　大立方体的边长为 N,所以在它的每个面上只有一面涂色的小立方体的个数为 $(N-2)^2$,在六个面上总个数为 $6(N-2)^2$. 不在大立方体表面上的各面均未涂色的小立方体的个数为 $(N-2)^3$. 因为二者相等,所以

$$6(N-2)^2 = (N-2)^3$$
$$6 = N-2$$

第6章 1997年试题

$N = 8$ 　　　　　　　(C)

28. 写出从1到30(包括1和30)的全部整数,把其中的某些数割掉,使得在剩余的数中没有一个数是其他任何数的2倍. 试问最多能剩余多少个数? (　).

A. 15个　　　B. 18个　　　C. 19个

D. 20个　　　E. 21个

解法1 构造集合1,2,3,…,30的子集,使得每个子集都由一个奇数和这个奇数的$2^k(k=0,1,2,…)$倍组成,于是得到

$\{1,2,4,8,16\}$

$\{3,6,12,24\}$

$\{5,10,20\}$ $\{7,14,28\}$

$\{9,18\}$ $\{11,22\}$ $\{13,26\}$ $\{15,30\}$

$\{17\}$ $\{19\}$ $\{21\}$ $\{23\}$ $\{25\}$ $\{27\}$ $\{29\}$

我们分别从这些子集中尽可能地选取一些数,其中任何一个数都不能是另一个数的2倍. 例如,从第一个子集$\{1,2,4,8,16\}$中选取1,4,16;从第二个子集$\{3,6,12,24\}$中选取3,12;从子集$\{5,10,20\}$和$\{7,14,28\}$中各选取两个数;从剩下的其他11个子集中各选取一个数. 总共选取 $3+2+2+2+11=20$ 个数.　　(D)

推广 仿照上面的解法中所采用的方式,我们把n个数的集合做如下排列:

　　1　2　4　8　16　32　64　…

```
3    6    12   24   48   96   192  …
5    10   20   40   80   160  320  …
7    14   28   56   112  224  448  …
9    18   36   72   144  288  576  …
⋮    ⋮    ⋮    ⋮    ⋮    ⋮    ⋮
```

可以看出,直到 n(包括 n)的每一个数在其中只出现一次,第二行中的任何数都是第一行中相应数的 2 倍,第三行中的任何数都是第二行中相应数的 2 倍,如此等等. 为了构造最大的子集,我们只需选取第一、第三、第五、…… 行中所有大于或等于 n 的数. 这就是说,我们只需计数以下各列中大于或等于 n 的数的个数:

col 0	col 1	col 2	col 3	…
1	4	16	64	…
3	12	48	172	…
5	20	80	320	…
7	28	112	448	…
9	36	144	576	…
⋮	⋮	⋮	⋮	

设我们想要计数的数的个数是 F_n,而 col k 中大于或等于 n 的数的个数是 C_k($C_k = 2^{2k}$ 的大于或等于 n 的奇数倍数的个数). 于是

$$F_n = C_0 + C_1 + C_2 + \cdots$$

(这个级数在有限项以后各项均为零. 最后的非零项为 $C_{[\log_4 n]}$)

第 6 章　1997 年试题

解法 2　现在

$$C_0 = (\text{所有大于等于 } n \text{ 的数的个数}) -$$
$$(\text{所有大于等于 } n \text{ 的偶数的个数})$$
$$= n - \left[\frac{n}{2}\right]$$

在一般情况下

$C_k = 2^{2k}$ 的大于或等于 n 的奇数倍数的个数 $-$
　　$(2^{2k}$ 的所有大于或等于 n 的倍数的个数$) -$
　　$(2^{2k}$ 的大于或等于 n 的偶数倍数的个数$)$

其中第二个括号里的一项与 2^{2k+1} 的所有大于或等于 n 的倍数的个数相同. 因此,我们有

$$C_k = \left[\frac{n}{2^{2k}}\right] - \left[\frac{n}{2^{2k+1}}\right]$$

代回到 F_n 的级数中去,得到

$$F_n = n - \left[\frac{n}{2}\right] + \left[\frac{n}{4}\right] - \left[\frac{n}{8}\right] + \left[\frac{n}{16}\right] - \cdots$$

当 $n = 30$ 时, $F_{30} = 30 - 15 + 7 - 3 + 1 = 20$.

解法 3　这种方法需要求出 C_k 的另一个表达式. 这时,我们首先求出 C_0 的表达式,然后推导一般的 C_k 的表达式. 我们想要计算集合 $1,3,5,7,\cdots$ 中所有大于或等于 n 的数的个数. 把这个集合中的每个数都加 1,这相当于计数集合 $2,4,6,8,\cdots$ 中所有大于或等于 $n+1$ 的数的个数,也就是所有大于等于 $n+1$ 的偶数的个数,于是我们有

$$C_0 = \left[\frac{n+1}{2}\right]$$

在一般情况下,我们需要计算集合 $1\times 2^k, 3\times 2^{2k}, 5\times 2^{2k},\cdots$ 中所有大于或等于 n 的数的个数. 把这个集合中的每个数都加上 2^{2k},这相当于计算集合 $2\times 2^{2k}, 4\times 2^{2k}, 6\times 2^{2k}, 8\times 2^{2k},\cdots$ 中所有大于或等于 $n+2^{2k}$ 的数的个数,这个集合也就是 $2^{2k+1}, 2\times 2^{2k+1}, 3\times 2^{2k+1}, 4\times 2^{2k+1},\cdots$,其中每个数大于或等于 $n+2^{2k}$,即 2^{2k+1} 的所有大于或等于 $n+2^{2k}$ 的倍数的集合. 于是

$$C_k = \left[\frac{n+2^{2k}}{2^{2k+1}}\right]$$

代回到 F_n 的级数中去,得到

$$F_n = \left[\frac{n+1}{2}\right] + \left[\frac{n+4}{8}\right] + \left[\frac{n+16}{32}\right] + \cdots + \left[\frac{n+2^{2k}}{2^{2k+1}}\right] + \cdots$$

当 $n=30$ 时,$F_{30} = 15 + 4 + 1 = 20.$

29. 从图 11 中的字母表中,按下述规则挑选字母组成名字 ELLE:从一个字母起始,相继挑选相邻的字母(上面的、下面的、左面的、右面的、以及对角线方向上的,但是同一组 ELLE 中不能两次使用同一个字母). 试问有多少种不同的挑选方式?(　　).

A. 525 种　　B. 284 种　　C. 300 种
D. 576 种　　E. 180 种

E	E	E	E
E	L	L	E
E	L	L	E
E	E	E	E

图 11

解 假设我们从一角上的 E 开始,那么第一个 L

只有一种挑选方式,第二个 L 有三种挑选方式,最后第二个 E 有五种挑选方式,因此对于第一个角上的 E 有 15 种挑选方式,对于四个角上的 E 共有 60 种挑选方式.

如果从一个边上的 E 开始,那么第一个 L 有两种挑选方式,但是以后,根据第二个 L 是否与第一个 E 相邻存在两种不同情况.如果相邻,那么第二个 L 只有一种挑选方式,第二个 E 有四种挑选方式;如果不相邻,第二个 L 有两种挑选方式,第二个 E 有五种挑选方式,因此对于每一个边上的 E 得到 28 种挑选方式,对于八个边上的 E 共有 224 种挑选方式.

因此,总共有 284 种产生 $ELLE$ 的不同方式. (B)

30. 选取四个正整数 a,b,c 和 $d(a<b<c<d)$,使得

$$\frac{1}{a}+\frac{1}{b}+\frac{1}{c}+\frac{1}{d}$$

是一个整数,试问有多少种方式?(   ).

A. 1 种　　　　B. 4 种　　　　C. 5 种

D. 7 种　　　　E. 12 种

解 把 a,b,c,d 选取得尽可能小,使得

$$\frac{1}{a}+\frac{1}{b}+\frac{1}{c}+\frac{1}{d}$$

尽可能大,即

$$\frac{1}{a}+\frac{1}{b}+\frac{1}{c}+\frac{1}{d}=1+\frac{1}{2}+\frac{1}{3}+\frac{1}{4}$$

$$=2\frac{1}{12}$$

因此,整数和只能是 1 与 2. (D)

考虑和2：

如果 $a=1, b=2, c=3$，则 $d=6$，并且
$$2 = \frac{1}{1} + \frac{1}{2} + \frac{1}{3} + \frac{1}{6}$$

如果 $a=2, b=3, c=4$，则
$$\frac{1}{d} = 2 - \left(\frac{1}{2} + \frac{1}{3} + \frac{1}{4}\right) = \frac{11}{12}$$

这是不可能的，因此只有唯一的选择方式使得和为2．

考虑和1：

我们只需考虑 $a=2$ 的情况，因为当 $a=3$ 时，最大可能的和将是
$$\frac{1}{3} + \frac{1}{4} + \frac{1}{5} + \frac{1}{6} = \frac{57}{60} < 1$$

对于 $a=2, b=3$，有
$$\frac{1}{c} + \frac{1}{d} = \frac{1}{6}$$

而
$$\frac{1}{6} = \frac{2}{12}$$
$$= \frac{3}{18} = \frac{2+1}{18} = \frac{1}{9} + \frac{1}{18}$$
$$= \frac{4}{24} = \frac{3+1}{24} = \frac{1}{8} + \frac{1}{24}$$
$$= \frac{5}{30} = \frac{3+2}{30} = \frac{1}{10} + \frac{1}{15}$$
$$= \frac{6}{36}$$

$$= \frac{7}{42} = \frac{6+1}{42} = \frac{1}{7} + \frac{1}{42}$$

这种形式到此为止,否则最后两个单位分数之一就应当小于或等于 $\frac{1}{6}$. 对于 $a=2, b=4$,有

$$\frac{1}{c} + \frac{1}{d} = \frac{1}{4}$$

而

$$\frac{1}{4} = \frac{2}{8}$$

$$= \frac{3}{12} = \frac{2+1}{12} = \frac{1}{6} + \frac{1}{12}$$

$$= \frac{4}{16}$$

$$= \frac{5}{20} = \frac{4+1}{20} = \frac{1}{5} + \frac{1}{20}$$

这种形式到此为止,否则最后两个单位分数之一就应当小于或等于 $\frac{1}{4}$. 对于 $a=2, b=5, c=6, d=7$,有

$$\frac{1}{2} + \frac{1}{5} + \frac{1}{6} + \frac{1}{7} > 1$$

而对于 $a=2, b=5, c=6, d=8$,有

$$\frac{1}{2} + \frac{1}{5} + \frac{1}{6} + \frac{1}{8} < 1$$

因此不存在其他可能性. 所以有 $1+4+2=7$ 种选择方式.

第7章 1998年试题

1. 48 的 $\frac{2}{3}$ 是多少?(   ).

A. 16   B. 24   C. 32
D. 36   E. 72

解 $\frac{2}{3} \times 48 = 2 \times 16 = 32.$ (C)

2. $\frac{0.4}{5}$ 的值是(   ).

A. 0.8   B. 0.2   C. 0.04
D. 0.45   E. 0.08

解 $\frac{0.4}{5} = 0.08.$ (E)

3. 如果 $p = 3, q = -8$,则 $\frac{1}{p} + \frac{1}{q}$ 的值是(   ).

A. $-\frac{1}{11}$ B. $-\frac{1}{5}$ C. $\frac{1}{11}$
D. $\frac{11}{24}$ E. $\frac{5}{24}$

解 $\frac{1}{3} + \frac{1}{-8} = \frac{1}{3} - \frac{1}{8} = \frac{8-3}{24} = \frac{5}{24}.$

(E)

4. 数 9 是下列哪个数的 15%?(   ).

A. 45   B. 54   C. 60
D. 90   E. 135

解 设这个数为 x,则

$$\frac{9}{x} = \frac{15}{100} = \frac{3}{20}$$

$$3x = 180$$

$$x = 60 \qquad\qquad (\ C\ )$$

5. $\left(0.2 + \dfrac{1}{0.2}\right)^2$ 的值是( ).

A. 27.4　　　B. 27.04　　　C. 25.44

D. 25.04　　　E. 5.408

解 $\left(0.2 + \dfrac{1}{0.2}\right)^2 = (0.2 + 5)^2$

$= (5.2)^2 = 27.04.\ (\ B\ )$

6. 如图 1,在 $\triangle PQR$ 中,$LP = 9$ cm. 这个三角形的面积是 $36\ \text{cm}^2$. RQ 的长度是( ).

A. 16 cm　　　B. 9 cm　　　C. 2 cm

D. 4 cm　　　E. 8 cm

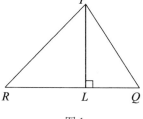

图 1

解 $\triangle PRQ$ 的面积 $= \dfrac{1}{2} \times RQ \times LP$,所以

$$\frac{1}{2} \times RQ \times 9 = 36$$

即

$$RQ = \frac{36 \times 2}{9} = 8 \qquad (\text{E})$$

7. 已知 $16^3 = 4\,096$,那么 $(1.6)^3$ 等于(　　).

A. 409.6　　　　B. 0.04096　　　C. 40.96

D. 0.4096　　　E. 4.096

解 已知 $(16)^3 = 4\,096$,那么 $(1.6)^3$ 也应当是这 4 个数字,但是有三位小数,即为 4.096. （ E ）

8. 如果 m 是奇数,n 是偶数,那么下列各数中哪一个是奇数(　　).

A. $3m + 4n$　　　B. $4m + 3n$　　　C. $2m + 5n$

D. $4m + 2n$　　　E. $6(m + n)$

解 $3m + 4n = $ 奇数 + 偶数,其他各数都是偶数.

（ A ）

9. 一块瓷砖是这样设计的:把一个边长为 12 单位的正方形的四角各去掉 $\frac{1}{4}$ 圆,如右 2 图所示,其中 $\frac{1}{4}$ 的半径是正方形边长的 $\frac{1}{3}$. 把 3 块瓷砖拼成一行,这样形成的图形的周长是多少单位?(　　).

A. $24\pi + 48$　　　B. $24\pi + 32$　　　C. $48\pi + 32$

D. $12\pi + 32$　　　E. $48\pi + 68$

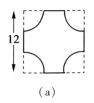

(a)

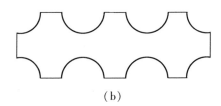

(b)

图 2

解 圆弧的半径是4单位,直边的长度是4单位.一共有8个直边和3个整圆,因此

周长 $= (8 \times 4) + (3 \times \pi \times 8) = 24\pi + 32$

(B)

10. 有多少个周长为25单位的不同的等腰三角形,它们各边的长度都是整数单位?(　　).

A.没有　　　B.5个　　　C.6个

D.7个　　　E.12个

解 在这些等腰三角形中,最短的腰为7(6是不可能的),最长的腰为12,于是得到六种可能情况:7,8,9,10,11,12.

(C)

11. 设 p,q,r,s 和 t 表示五个数. p,q 和 r 的平均值是8. p,q,r,s 和 t 的平均值是7. s 和 t 的平均值是(　　)

A.4.5　　　B.5　　　C.5.5

D.6　　　E.6.5

解 由于 $\dfrac{p+q+r}{3} = 8$,所以 $p+q+r = 24$,

类似地, $p+q+r+s+t = 7 \times 5 = 35$.

因此 $s+t = (p+q+r+s+t) - (p+q+r) = 35 - 24 = 11$.

于是 s 和 t 的平均值是 $\dfrac{11}{2} = 5.5$. 　(C)

12. 如图3,从点 S 发出的一束光在点 P 处经镜面反射,达到点 T,使得 PT 垂直于 RS. 这时 x 是(　　).

A.26　　　B.32　　　C.37

D. 38   E. 48

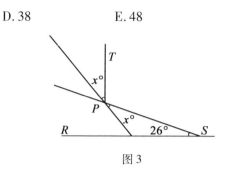

图 3

解 如图 4,延长 TP 交 RS 于 Q,构成 Rt△PQS 和两个对顶角,我们得到

$$2x + 90 + 26 = 180$$
$$2x = 64$$
$$x = 32$$

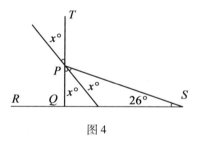

图 4

(B)

13. 一组学生利用清洗汽车来筹集基金. 他们对一些顾客的汽车做了普通清洗,每位收费 5 元,对另一些顾客的汽车做了吸尘打蜡清洗,每位收费 7 元. 总共筹集了 176 元. 顾客最小可能的数目是(   ).

A. 23   B. 24   C. 26
D. 28   E. 30

第7章 1998年试题

解 设做普通清洗的顾客数目为 x,做吸尘抛光清洗的顾客数目为 y,于是
$$5x + 7y = 176$$
显然,当 x 最小时,$x + y$ 为最小,因为普通清洗比吸尘抛光清洗收费低. 现在
$$7y = 176 - 5x$$
$$y = 25 + \frac{1-5x}{7}$$
使得 y 为整数的最小的 $x = 3$,得到
$$y = 25 - \frac{14}{2} = 25 - 2 = 23$$
顾客最小的可能数目是 $23 + 3 = 26$.   (C)

15. 一副七巧板是把一个正方形分割成5个三角形,一个正方形和一个平行四边形而构成的,如图5所示. 原来的正方形的面积是1平方单位,试问其中的平行四边形的面积是多少平方单位(   ).

A. $\dfrac{1}{8}$ B. $\dfrac{1}{4}$ C. $\dfrac{3}{10}$

D. $\dfrac{1}{16}$ E. $\dfrac{1}{7}$

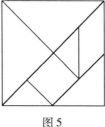

图5

解 如图6,注意到这个正方形可以被分成16个全等的三角形,而其中的平行四边形可以被分成两个这样的三角形,可知

$$\frac{\text{平行四边形的面积}}{\text{正方形的面积}} = \frac{2}{16} = \frac{1}{8}$$

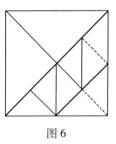

图6

(　A　)

16. 我买了一些正方形铺地瓷砖. 如果把每一平方米的瓷砖(铺 1 m² 的地面所需要的瓷砖)一块一块地叠起来,正好形成一个正方体. 瓷砖的边长是 200 mm. 每块瓷砖的厚度是(　　).

A. 5 mm B. 8 mm C. 10 mm
D. 12 mm E. 15 mm

解 因为瓷砖边长为 200 mm,5 块瓷砖的长度为 1 m,所以每平方米需要25块瓷砖. 因为把25块瓷砖一块一块地叠起来正好形成一个正方体,所以这个正方体的高度是 200 mm. 因此瓷砖的厚度是 $\frac{200}{25} = 8$ mm.

(　B　)

17. 把一个三位数字首位前和末位后添写上1,这样得到的五位数比原来的三位数增加 14 789. 试问原

数的三个数字之和是多少?( ).

A. 11　　　　B. 10　　　　C. 9

D. 8　　　　　E. 7

解法 1　设原数的三个数字依次为 a,b,c. 新构成的数是 $1abc1$. 于是

$$\begin{array}{r} 1\,a\,b\,c\,1 \\ -\quad a\,b\,c \\ \hline 1\,4\,7\,8\,9 \end{array} \to c = 2$$

由此得到

$$\begin{array}{r} 1\,a\,b\,2\,1 \\ -\quad a\,b\,2 \\ \hline 1\,4\,7\,8\,9 \end{array} \to b = 3$$

以及

$$\begin{array}{r} 1\,a\,3\,2\,1 \\ -\quad a\,3\,2 \\ \hline 1\,4\,7\,8\,9 \end{array} \to a = 5$$

原数是 532,其数字和是 10.　　　　　　(B)

解法 2　设原数为 x,则在首位前和末位后填写 1 而得到的数是 $1 + 10x + 10\,000$. 于是

$$10x + 10\,001 - x = 14\,789$$
$$9x = 4\,788$$
$$x = 532$$

x 的数字之和是 10.

18. 对于一切满足

$$\frac{1}{x} + \frac{1}{y} = \frac{1}{12}$$

的正整数 x 和 y 来说,y 可能具有的最大值是( ).

A. 60 B. 84 C. 96
D. 156 E. 288

解 $\dfrac{1}{y} = \dfrac{1}{12} - \dfrac{1}{x} = \dfrac{x-12}{12x}$

$$y = \dfrac{12x}{x-12}$$

当 x 最小时，y 最大，而最小的 x 是 13．因此，最大的 y 可能是 $12 \times 13 = 156$.　　　　　　　(D)

19．如图 7，半圆 ABC 的直径为 AB，其中心为 O．M 为 OB 的中点，$CM \perp AB$．$AC : CM$ 的值是(　　).

A. 2 B. $\sqrt{3}$ C. $\sqrt{5}$

D. $\dfrac{7}{4}$ E. $\dfrac{3\sqrt{7}}{5}$

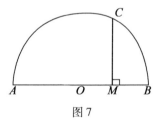

图 7

解法 1 把点 A 和点 O 分别与点 C 相连，如图 8 所示．在 Rt△OCM 和 Rt△ACM 中，应用毕达哥拉斯定理，我们得到

$$r^2 = CM^2 + \dfrac{r^2}{4}$$

$$CM^2 = \dfrac{3r^2}{4}$$

第 7 章　1998 年试题

$$CM = \frac{r\sqrt{3}}{2}$$

$$AC^2 = \frac{9r^2}{4} + \frac{3r^2}{4} = \frac{12r^2}{4} = 3r^2$$

$$AC = r\sqrt{3}$$

$$AC : CM = r\sqrt{3} : \frac{r\sqrt{3}}{2} = 2 : 1$$

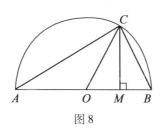

图 8

(A)

解法 2　把点 A、点 B 和点 O 分别与点 C 相连,如图 8 所示. 设圆的半径为 r. 因为 $CM \perp OB$,$OM = MB$,所以 $\triangle OCB$ 是等腰三角形,$CB = r$. 现在,$\triangle ACM$ 和 $\triangle CBM$ 是相似的(两对对应角相等),所以

$$\frac{AC}{CM} = \frac{BC}{MB}$$

$$= \frac{r}{\frac{r}{2}} = 2$$

20. 在 21 世纪中有多少年份具有下述性质:把这些年份分别除以 2,3,5 和 7,余数总是 1?(　　).

A. 0　　　　　B. 1　　　　　C. 2

D. 3　　　　　E. 4

解 设 N 是具有所要求的性质的年份,则 $N = 2k+1 = 3l+1 = 5m+1 = 7n+1$,于是 $N-1$ 可被 $2,3,5$ 和 7 整除,又因为 $2,3,5$ 和 7 没有任何公因子,所以 $N-1$ 可被 $2 \times 3 \times 5 \times 7 = 210$ 整除,并且
$$N = 210p + 1$$
同时
$$210p + 1 \leqslant 2\,100$$
$$p < 10$$
因此
$$N \leqslant 9 \times 210 = 1\,891$$
即具有所要求性质的最大年份($\leqslant 2\,100$)是 1891 年,所以在 21 世纪中不存在这样的年代。 (A)

21. 如果边长为 1 的正方形内接于一个等边三角形,如图 9 所示,则这个三角形的边长是( ).

A. 2 B. $\dfrac{2\sqrt{3}}{3}$ C. $\dfrac{2+\sqrt{3}}{2}$

D. $\dfrac{1+\sqrt{3}}{3}$ E. $\dfrac{3+2\sqrt{3}}{3}$

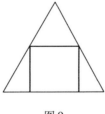

图 9

解 如图 10,由于 $\triangle ABC$ 的三个角分别为 $30°$,

60°和90°,所以

$$BC = AC\tan 30°$$
$$= 1 \times \frac{1}{\sqrt{3}}$$
$$= \frac{\sqrt{3}}{3}$$

原三角形的边长是

$$1 + 2\frac{\sqrt{3}}{3} = \frac{3 + 2\sqrt{3}}{3}$$

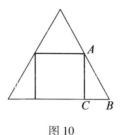

图 10

(E)

22. 杰克(Jack)和吉莉(Jill)每人各有一只水壶,其中都装有 1 L 水. 第一天,杰克把他的壶中的 1 mL 水倒入吉莉的壶中. 第二天,吉莉把她的壶中的 3 mL 水倒入杰克的壶中. 第三天,杰克把他的壶中的 5 mL 水倒入吉莉的壶中,这样继续做下去,其中每个人倒出的水比前一天从对方得到的水多 2 mL. 试问第 101 天结束后,杰克壶中有多少水?( ).

A. 799 mL　　　B. 899 mL　　　C. 900 mL

D. 1 000 mL　　E. 1 101 mL

解 每一天过后,杰克的壶中有 999 mL 水. 以后每过两天,他的壶中就减少 2 mL 水. 所以 101 天以后,杰克的壶中有 999 − (50 × 2) = 899(mL) 的水.

(B)

23. 由一个立方体的各顶点能构成多少个不同大小、不同形状的三角形?( ).

A. 1 个   B. 2 个   C. 3 个
D. 4 个   E. 5 个

解 考虑一个顶点. 可以通过一个棱 x, 一个面的对角线 y, 或一个立方体的对角线 z, 把这个顶点与其他顶点相连接, 如图 11 所示. 不全等的三角形有 xxy, xyz 和 yyy, 即有三个.

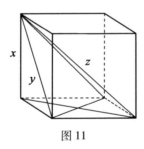

图 11

(C)

24. 设 a,b,c 是三个数字,利用 a,b 和 c 能构成四位数 $8abc$. 把四个数字反转,得到四位数 $cba8$. 如果 $a > b > c$,且 $8abc − cba8 = 7\,623$,那么可能有多少个三数组 (a,b,c)?( ).

A. 1   B. 5   C. 6
D. 7   E. 9

解 因为

$$\begin{array}{r} 8\,a\,b\,c \\ -\,c\,b\,a\,8 \\ \hline 7\,6\,2\,3 \end{array}$$

由个位数的一行得知 $c=1$,于是

$$\begin{array}{r} 8\,a\,b\,1 \\ -\,1\,b\,a\,8 \\ \hline 7\,6\,2\,3 \end{array}$$

因为 $a>b$,所以由十位数的一行得到 $(10+b-1)-a=2$,即 $a=b+7$.因为 a,b,c 都是数字,所以 $(a,b)=(7,0),(8,1),(9,2)$.但是 $c=1$,而 $b>c$,所以 $(7,0)$ 和 $(8,1)$ 都不可能.因此,$(a,b,c)=(9,2,1)$ 是唯一可能的三数组.　　　　　　　　　　(A)

25. 如图 12,在梯形 $PQRS$ 中,$PQ \parallel SR$,$SR=2PQ$.点 M 是 PQ 的中点,N 是 QR 的中点,L 是 SR 上的一点,使得 $LR=3LS$.如果 $PQ=1$,那么 $\triangle LMN$ 的面积与梯形 $PQRS$ 的面积之比是(　　).

A. $\dfrac{1}{2}$ 　　　　B. $\dfrac{2}{\sqrt{3}}$ 　　　　C. $\dfrac{1}{4}$

D. $\dfrac{2}{3}$ 　　　　E. $\dfrac{1}{3}$

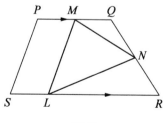

图 12

解　如图13,设梯形两平行边之间的距离是 h

$$PM = MQ = SL = \frac{1}{2}, LR = \frac{3}{2}$$

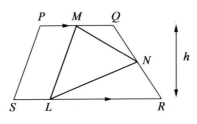

图13

梯形 $PQRS$ 的面积 $= \frac{1}{2}(2+1) \times h$

$$= \frac{3h}{2}$$

平行四边形 $PMLS$ 的面积 $= \frac{h}{2}$

$\triangle MQN$ 的面积 $= \frac{1}{2} \times \frac{1}{2} \times \frac{h}{2}$

$$= \frac{h}{8}$$

$\triangle LRN$ 的面积 $= \frac{1}{2} \times \frac{3}{2} \times \frac{h}{2}$

$$= \frac{3h}{8}$$

因此

$\triangle LMN$ 的面积 $= \frac{3h}{2} - \frac{h}{2} - \frac{h}{8} - \frac{3h}{8}$

$$= \frac{h}{2}$$

所以

$$\frac{\triangle LMN \text{ 的面积}}{\text{梯形} PQRS \text{ 的面积}} = \frac{\frac{h}{2}}{\frac{3h}{2}} = \frac{1}{3} \quad (\text{ E })$$

注 PQ 的实际长度与最后得到的比值无关，为了书写简单，可将各边加倍，取 $PQ = 2$.

26. $\triangle PQR$ 是由长度为整数的各边构成的. 如果 $PQ = 37, QR = m$，其中 m 是一个小于 37 的固定整数，那么 PR 可能有多少个不同的长度?(　　).

A. m　　　　B. $2m + 1$　　　　C. $2m$

D. $2m - 1$　　　E. $2m - 2$

解 如图 14，设 $PR = x$. 因为任何两边之和都大于第三边，所以有 $x < 37 + m$ 或 $x \leqslant 36 + m$，以及 $x + m > 37$ 或 $x \geqslant 38 - m$. 由 $x \leqslant 36 + m$ 和 $x \geqslant 38 - m$，得到可能的个数是 $(36 + m) - (38 - m) + 1 = 2m - 1$.

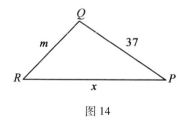

图 14

(D)

27. 有多少个小于 100 的不同的正整数满足方程

$$\left[\frac{n}{2}\right] + \left[\frac{n}{3}\right] + \left[\frac{n}{6}\right] = n$$

这里 $[x]$ 表示不超过 x 的最大整数,例如 $\left[\dfrac{3}{2}=1\right]$.
( ).

A. 2   B. 3   C. 12

D. 16   E. 24

解 因为 $n = \dfrac{n}{2} + \dfrac{n}{3} + \dfrac{n}{6}$,所以为使

$$\left[\dfrac{n}{2}\right] + \left[\dfrac{n}{3}\right] + \left[\dfrac{n}{6}\right] = n$$

成立的唯一可能情况是:$\left[\dfrac{n}{2}\right] = \dfrac{n}{2}$,$\left[\dfrac{n}{3}\right] = \dfrac{n}{3}$, $\left[\dfrac{n}{6}\right] = \dfrac{n}{6}$,当 n 可被 2,3 和 6 整除,即可被 6 整除时,这种情况才会发生,有 16 个小于 100 的这样的数.

(D)

28. 如图 15,我们想要填满空白的方格,使得在每行和每列中都出现 1,2,3,4,5,6 这六个数字. 试问有多少种不同填写方式?( ).

A. 16 种   B. 24 种   C. 2^{16} 种

D. 24^4 种   E. 16^2 种

1	2	3	4	5	6
2					5
3					4
4					3
5					2
6	5	4	3	2	1

图 15

解　解决这类问题的一种很自然的办法是：首先填写没有选择余地的空格，如果不是这种情况，则应首先填写选择可能性小的空格. 如果不是只有一种填写的可能性，而是存在几个有两种可能选择的空格，那么就应从其中一个空格开始填写. 首先填写第二列、第三行的空格，因为在第二列已经有 2 和 5，在第三行已经有 3 和 4，所以可能的选择只有 1 和 6. 如果选择 1，则其他三个空格随之即可确定. 如果选择 6，则其他三个空格同样可以确定. 因此选择的结果如图 16：

1	2	3	4	5	6
2		1	6		5
3					4
4					3
5		6	1		2
6	5	4	3	2	1

(a)

1	2	3	4	5	6
2		6	1		5
3					4
4					3
5		1	6		2
6	5	4	3	2	1

(b)

图 16

下一步，如果要填写中间四个空格，那么我们发现也有两种选择，这与第一次选择 1 还是选择 6 无关. 例如，从上面的第一种选择继续填写，我们得到如图 17：

1	2	3	4	5	6
2		1	6		5
3		2	5		4
4		5	2		3
5		6	1		2
6	5	4	3	2	1

(a)

1	2	3	4	5	6
2		1	6		5
3		5	2		4
4		2	5		3
5		6	1		2
6	5	4	3	2	1

(b)

图 17

而从上面的第二种选择也会得到另外两种结果.剩下的八个空格同样可以分成两组进行填写,每一组又有两种新的选择,而与以前所做的选择无关.所以有 $2^4 = 16$ 种不同的填空方式. (A)

29. 列车出发 1 h 后发生故障.工程师用了 0.5 h 把它修复了.但是列车只能以原速一半的速度继续行驶,到达终点时延误了 2 h.如果列车多行 100 km 后才发生故障,那么最终将延误 1 h.列车行驶的旅程是( ).

A.250 km　　　B.275 km　　　C.300 km

D.325 km　　　E.350 km

解　设列车原来的速度是 v,行驶的全程是 d km,所以发生故障后的速度是 $\frac{v}{2}$.如果列车多行驶 100 km 才发生故障,则可节省 1 h,因此以 $\frac{v}{2}$ 的速度行驶 100 km 需要增加 1 h,所以

$$\frac{100}{\frac{v}{2}} - \frac{100}{v} = 1$$

$$\frac{200}{v} - \frac{100}{v} = 1$$

$$\frac{100}{v} = 1$$

$$v = 100 (\text{km/h})$$

以 100 km/h 行驶全程 d 的正常时间是 $\frac{d}{100}$.发生故障

后行驶全程的时间是

$$1 + \frac{1}{2} + \frac{d-100}{50}$$

因此

$$\frac{d}{100} + 2 = 1\frac{1}{2} + \frac{d-100}{50}$$
$$d + 200 = 150 + 2d - 200$$
$$d = 250 \qquad\qquad (\text{ A })$$

编辑手记

数学竞赛是一项吸引人的活动,著名数学家 M. Gardner 指出:初学者解答一个巧题时得到了快乐,数学家解决了更先进的问题时也得到了快乐,在这两种快乐之间没有很大的区别.二者都关注美丽动人之处——即支撑着所有结构的那匀称的,定义分明的,神秘的和迷人的秩序.

由于中国数学奥林匹克如同乒乓球和围棋一样在世界享有盛誉,所以有关数学竞赛的书籍也多如牛毛,但这是本工作室首次出版澳大利亚的数学竞赛题解.

澳大利亚笔者没有去过,但与之相邻的新西兰笔者去过多次,虽然新西兰

编辑手记

也出过菲尔兹奖得主即琼斯——琼斯多项式的提出者,但整体上数学教育水平还是澳大利亚略高一筹.以至于新西兰中小学生参加的数学竞赛还是使用澳大利亚的竞赛题目,按说从历史上看新西兰的早期移民大多是欧洲的贵族,而澳大利亚居民大多是被发配的罪犯,经过百年的历史演变可以看出社会制度的威力,这是值得我们深思的.再一个可供我们反思的是澳大利亚慢生活的魅力.我们近四十年来,高歌猛进,大干快上,锐意进取,岁月匆匆.

回顾历史,19世纪的欧洲,大量的娱乐时间意味着一个人的社会地位很高:一位哲学家曾这样描述1840年前后巴黎文人、学士的生活——他们的时间十分富余,以至于在游乐场遛乌龟成了一件非常时髦的事情,类似的项目在澳大利亚还能找到.

摘一段《数学竞赛史话》(单墫著,广西教育出版社,1990.)中关于澳大利亚数学竞赛的介绍.

第29届IMO于1988年在澳大利亚首都堪培拉举行.

这一届IMO有49个国家和地区参加,选手达到268名.规模之大超过以往任何一届.

这一年,恰逢澳大利亚建国200周年,整个IMO的活动在十分热烈、隆重的气氛中进行.

这是第一次在南半球举行的IMO,也是

第一次在亚洲地区和太平洋沿岸地区举行的IMO. 参赛的非欧洲国家和地区有25个,第一次超过了欧洲国家(24个).

东道主澳大利亚自1971年开展全国性的数学竞赛,并且在70年代末成立了设在国家科学院之下的澳大利亚数学奥林匹克委员会,该委员会专门负责选拔和培训澳大利亚参加IMO的代表队. 澳大利亚各州都有一名人员参加这个委员会的工作. 澳大利亚自1981年起,每年都参加IMO. IMO(物理、化学奥林匹克)的培训都在堪培拉高等教育学院进行. 澳大利亚数学会一直对这个活动给予经费与业务方面的支持和帮助. 澳大利亚IBM有限公司每年提供赞助.

早在1982年,澳大利亚数学会及一些数学界、教育界人士就提出在1988年庆祝该国建国200周年之际举办IMO. 澳大利亚政府接受了这一建议,并确定第29届IMO为澳大利亚建国200周年的教育庆祝活动. 在1984年成立了"澳大利亚1988年IMO委员会". 委员会的成员包括政府、科学、教育、企业等各界人士. 澳大利亚为第29届IMO做了大量准备工作,政府要员也纷纷出马. 总理霍克与教育部部长为举办IMO所印的宣传册等写祝词. 霍克还出席了竞赛的颁奖仪式,他亲自为荣获金奖(一等奖)的17位中

学生(包括我国的何宏宇和陈晞)颁奖,并发表了热情洋溢的讲话.竞赛期间澳大利亚国土部部长在国会大厦为各国领队举行了招待会,国家科学院院长也举办了鸡尾酒会.竞赛结束时,教育部部长设宴招待所有参加IMO的人员.澳大利亚数学界的教授、学者也做了大量的组织接待及业务工作,为这届IMO作出了巨大的贡献.竞赛地点在堪培拉高等教育学院.组织者除了堪培拉的活动外,还安排了各代表队在悉尼的旅游.澳大利亚IBM公司将这届IMO列为该公司1988年的14项工作之一,它是这届IMO的最大的赞助商

竞赛的最高领导机构是"澳大利亚1988年IMO委员会",由23人组成(其中有7位教授,4位博士).主席为澳大利亚科学院院士、亚特兰大大学的波茨(R. Potts)教授.在1984年至1988年期间,该委员会开过3次会来确定组织机构、组织方案、经费筹措等重大问题.在1984年的会议上决定成立"1988年IMO组织委员会",负责具体的组织工作.

组委会共有13人(其中有3位教授,4位博士),主席为堪培拉高等教育学院的奥哈伦(P. J. O'Halloran)先生,波茨教授也是组委会委员.

组委会下设6个委员会.

1. 学术委员会

主席由组委会委员、新南威尔士大学的戴维·亨特(D. Hunt)博士担任.下设两个委员会:

(1)选题委员会.由6人组成(包括3位教授,1位副教授和1位博士.其中有两位为科学院院士).该委员会负责对各国提供的赛题进行审查、挑选,并推荐其中的一些题目给主试委员会讨论.

(2)协调委员会.由主任协调员1人,高级协调员6人(其中有两位教授,1位副教授,1位博士),协调员33人(其中有5位副教授,18位博士)组成.协调员中有5位曾代表澳大利亚参加IMO并获奖.协调委员会负责试卷的评分工作:分为6个组,每组在1位高级协调员的领导下核定一道试题的评分.

2. 活动计划委员会

该委员会有70人左右,负责竞赛期间各代表队的食宿、交通、活动等后勤工作.给每个代表队配备1位向导.向导身着印有IMO标记的统一服装.各队如有什么要求或问题均可通过向导反映.IMO的一切活动也由向导传送到各代表队.

3. 信息委员会

负责竞赛前及竞赛期间的文件的编印,

准备奖品和证书等.

4. 礼仪委员会

负责澳大利亚政府为 1988 年 IMO 组织的庆典仪式、宴会等活动. 由内阁有关部门、澳大利亚数学基金会、首都特区教育部门、一些院校及社会公益部门的人员组成.

5. 财务委员会

负责这届 IMO 的财务管理. 由两位博士分别担任主席和顾问,一位教授任司库.

6. 主试委员会(Jury,或译为评审委员会)

由澳大利亚数学界人士和各国或地区领队组成. 主席为波茨教授. 另设副主席、翻译、秘书各 1 位.

主试委员会为 IMO 的核心. 有关竞赛的任何重大问题必须经主试委员会表决通过后才能施行,所以主席必须是数学界的权威人士,办事果断并具有相当的外交经验.

以上 6 个委员会共约 140 人,有些人身兼数职. 各机构职能分明又互相配合.

这届竞赛活动于 1988 年 7 月 9 日开始. 各代表队在当日抵达悉尼并于当日去新南威尔士大学报到. 领队报到后就离开代表队住在另一个宾馆,并于 11 日去往堪培拉. 各代表队在副领队的带领下由澳大利亚方面安排在悉尼参观游览,14 日去往堪培拉,住在堪培拉高等教育学院.

领队抵达堪培拉后,住在澳大利亚国立大学,参加主试委员会,确定竞赛试题,译成本国文字.在竞赛的第二天(16日)领队与本国或本地区代表队汇合,并与副领队一起批阅试卷.

竞赛在15、16日两天上午进行,从8:30开始,有15个考场,每个考场有17至18名学生.同一代表队的选手分布在不同的考场.比赛的前半小时(8:30-9:00)为学生提问时间.每个学生有三张试卷,一题一张;又有三张专供提问的纸,也是一题一张.试卷和问题纸上印有学生的编号和题号.学生将问题写在问题纸上由传递员传送.此时领队们在距考场不远的教室等候.学生所提问题由传递员首先送给主试委员会主席过目后,再交给领队.领队必须将学生所提问题译成工作语言当众宣读,由主试委员会决定是否应当回答.领队的回答写好后,必须当众宣读,经主试委员会表决同意后,再由传递员送给学生.

阅卷的结果及时公布在记分牌上.各代表队的成绩如何,一目了然.

根据中国香港代表队的建议,第29届IMO首次设立了荣誉奖,颁发给那些虽然未能获得一、二、三等奖,但至少有一道题得到

编辑手记

满分的选手.于是有 26 个代表队的 33 名选手获得了荣誉奖,其中有 7 个代表队是没有获得一、二、三等奖的.设置荣誉奖的做法,显然有利于调动更多国家或地区、更多选手的积极性.

在整个竞赛期间,澳大利亚工作人员认真负责,彬彬有礼,效率之高令人赞叹!

为了表达对大家的感谢,荷兰领队 J. Notenboom 教授完成了一件奇迹般的工作,他用 200 个高脚玻璃杯组成了一个大球(非常优美的数学模型!),在告别宴会上赠给组委会主席奥哈伦教授.

单墫教授当年在这本著作出版后即赠了一本给笔者,二十多年过去了,这本书仍留在笔者的案头上,听说最近又要再版了.

寥寥数语,是以为记.

刘培杰

2019. 2. 21

于哈工大

刘培杰数学工作室
已出版(即将出版)图书目录——初等数学

书　名	出版时间	定　价	编号
新编中学数学解题方法全书(高中版)上卷(第2版)	2018—08	58.00	951
新编中学数学解题方法全书(高中版)中卷(第2版)	2018—08	68.00	952
新编中学数学解题方法全书(高中版)下卷(一)(第2版)	2018—08	58.00	953
新编中学数学解题方法全书(高中版)下卷(二)(第2版)	2018—08	58.00	954
新编中学数学解题方法全书(高中版)下卷(三)(第2版)	2018—08	68.00	955
新编中学数学解题方法全书(初中版)上卷	2008—01	28.00	29
新编中学数学解题方法全书(初中版)中卷	2010—07	38.00	75
新编中学数学解题方法全书(高考复习卷)	2010—01	48.00	67
新编中学数学解题方法全书(高考真题卷)	2010—01	38.00	62
新编中学数学解题方法全书(高考精华卷)	2011—03	68.00	118
新编平面解析几何解题方法全书(专题讲座卷)	2010—01	18.00	61
新编中学数学解题方法全书(自主招生卷)	2013—08	88.00	261
数学奥林匹克与数学文化(第一辑)	2006—05	48.00	4
数学奥林匹克与数学文化(第二辑)(竞赛卷)	2008—01	48.00	19
数学奥林匹克与数学文化(第二辑)(文化卷)	2008—07	58.00	36'
数学奥林匹克与数学文化(第三辑)(竞赛卷)	2010—01	48.00	59
数学奥林匹克与数学文化(第四辑)(竞赛卷)	2011—08	58.00	87
数学奥林匹克与数学文化(第五辑)	2015—06	98.00	370
世界著名平面几何经典著作钩沉——几何作图专题卷(上)	2009—06	48.00	49
世界著名平面几何经典著作钩沉——几何作图专题卷(下)	2011—01	88.00	80
世界著名平面几何经典著作钩沉(民国平面几何老课本)	2011—03	38.00	113
世界著名平面几何经典著作钩沉(建国初期平面三角老课本)	2015—08	38.00	507
世界著名解析几何经典著作钩沉——平面解析几何卷	2014—01	38.00	264
世界著名数论经典著作钩沉(算术卷)	2012—01	28.00	125
世界著名数学经典著作钩沉——立体几何卷	2011—02	28.00	88
世界著名三角学经典著作钩沉(平面三角卷Ⅰ)	2010—06	28.00	69
世界著名三角学经典著作钩沉(平面三角卷Ⅱ)	2011—01	38.00	78
世界著名初等数论经典著作钩沉(理论和实用算术卷)	2011—07	38.00	126
发展你的空间想象力	2017—06	38.00	785
走向国际数学奥林匹克的平面几何试题诠释(上、下)(第1版)	2007—01	68.00	11,12
走向国际数学奥林匹克的平面几何试题诠释(上、下)(第2版)	2010—02	98.00	63,64
平面几何证明方法全书	2007—08	35.00	1
平面几何证明方法全书习题解答(第1版)	2005—10	18.00	2
平面几何证明方法全书习题解答(第2版)	2006—12	18.00	10
平面几何天天练上卷·基础篇(直线型)	2013—01	58.00	208
平面几何天天练中卷·基础篇(涉及圆)	2013—01	28.00	234
平面几何天天练下卷·提高篇	2013—01	58.00	237
平面几何专题研究	2013—07	98.00	258

刘培杰数学工作室
已出版(即将出版)图书目录——初等数学

书 名	出版时间	定 价	编号
最新世界各国数学奥林匹克中的平面几何试题	2007—09	38.00	14
数学竞赛平面几何典型题及新颖解	2010—07	48.00	74
初等数学复习及研究(平面几何)	2008—09	58.00	38
初等数学复习及研究(立体几何)	2010—06	38.00	71
初等数学复习及研究(平面几何)习题解答	2009—01	48.00	42
几何学教程(平面几何卷)	2011—03	68.00	90
几何学教程(立体几何卷)	2011—07	68.00	130
几何变换与几何证题	2010—06	88.00	70
计算方法与几何证题	2011—06	28.00	129
立体几何技巧与方法	2014—04	88.00	293
几何瑰宝——平面几何500名题暨1000条定理(上、下)	2010—07	138.00	76,77
三角形的解法与应用	2012—07	18.00	183
近代的三角形几何学	2012—07	48.00	184
一般折线几何学	2015—08	48.00	503
三角形的五心	2009—06	28.00	51
三角形的六心及其应用	2015—10	68.00	542
三角形趣谈	2012—08	28.00	212
解三角形	2014—01	28.00	265
三角学专门教程	2014—09	28.00	387
图天下几何新题试卷.初中(第2版)	2017—11	58.00	855
圆锥曲线习题集(上册)	2013—06	68.00	255
圆锥曲线习题集(中册)	2015—01	78.00	434
圆锥曲线习题集(下册·第1卷)	2016—10	78.00	683
圆锥曲线习题集(下册·第2卷)	2018—01	98.00	853
论九点圆	2015—05	88.00	645
近代欧氏几何学	2012—03	48.00	162
罗巴切夫斯基几何学及几何基础概要	2012—07	28.00	188
罗巴切夫斯基几何学初步	2015—06	28.00	474
用三角、解析几何、复数、向量计算解数学竞赛几何题	2015—03	48.00	455
美国中学几何教程	2015—04	88.00	458
三线坐标与三角形特征点	2015—04	98.00	460
平面解析几何方法与研究(第1卷)	2015—05	18.00	471
平面解析几何方法与研究(第2卷)	2015—06	18.00	472
平面解析几何方法与研究(第3卷)	2015—07	18.00	473
解析几何研究	2015—01	38.00	425
解析几何学教程.上	2016—01	38.00	574
解析几何学教程.下	2016—01	38.00	575
几何学基础	2016—01	58.00	581
初等几何研究	2015—02	58.00	444
十九和二十世纪欧氏几何学中的片段	2017—01	58.00	696
平面几何中考.高考.奥数一本通	2017—07	28.00	820
几何学简史	2017—08	28.00	833
四面体	2018—01	48.00	880
平面几何证明方法思路	2018—12	68.00	913
平面几何图形特性新析.上篇	2019—01	68.00	911
平面几何图形特性新析.下篇	2018—06	88.00	912
平面几何范例多解探究.上篇	2018—04	48.00	910
平面几何范例多解探究.下篇	2018—12	68.00	914
从分析解题过程学解题:竞赛中的几何问题研究	2018—07	68.00	946
二维、三维欧氏几何的对偶原理	2018—12	38.00	990

刘培杰数学工作室
已出版（即将出版）图书目录——初等数学

书　名	出版时间	定　价	编号
俄罗斯平面几何问题集	2009—08	88.00	55
俄罗斯立体几何问题集	2014—03	58.00	283
俄罗斯几何大师——沙雷金论数学及其他	2014—01	48.00	271
来自俄罗斯的5000道几何习题及解答	2011—03	58.00	89
俄罗斯初等数学问题集	2012—05	38.00	177
俄罗斯函数问题集	2011—03	38.00	103
俄罗斯组合分析问题集	2011—01	48.00	79
俄罗斯初等数学万题选——三角卷	2012—11	38.00	222
俄罗斯初等数学万题选——代数卷	2013—08	68.00	225
俄罗斯初等数学万题选——几何卷	2014—01	68.00	226
俄罗斯《量子》杂志数学征解问题100题选	2018—08	48.00	969
俄罗斯《量子》杂志数学征解问题又100题选	2018—08	48.00	970
463个俄罗斯几何老问题	2012—01	28.00	152
《量子》数学短文精粹	2018—09	38.00	972
谈谈素数	2011—03	18.00	91
平方和	2011—03	18.00	92
整数论	2011—05	38.00	120
从整数谈起	2015—10	28.00	538
数与多项式	2016—01	38.00	558
谈谈不定方程	2011—05	28.00	119
解析不等式新论	2009—06	68.00	48
建立不等式的方法	2011—03	98.00	104
数学奥林匹克不等式研究	2009—08	68.00	56
不等式研究（第二辑）	2012—02	68.00	153
不等式的秘密（第一卷）	2012—02	28.00	154
不等式的秘密（第一卷）（第2版）	2014—02	38.00	286
不等式的秘密（第二卷）	2014—01	38.00	268
初等不等式的证明方法	2010—06	38.00	123
初等不等式的证明方法（第二版）	2014—11	38.00	407
不等式·理论·方法（基础卷）	2015—07	38.00	496
不等式·理论·方法（经典不等式卷）	2015—07	38.00	497
不等式·理论·方法（特殊类型不等式卷）	2015—07	48.00	498
不等式探究	2016—03	38.00	582
不等式探秘	2017—01	88.00	689
四面体不等式	2017—01	68.00	715
数学奥林匹克中常见重要不等式	2017—09	38.00	845
三正弦不等式	2018—09	98.00	974
同余理论	2012—05	38.00	163
[x]与{x}	2015—04	48.00	476
极值与最值．上卷	2015—06	28.00	486
极值与最值．中卷	2015—06	38.00	487
极值与最值．下卷	2015—06	28.00	488
整数的性质	2012—11	38.00	192
完全平方数及其应用	2015—08	78.00	506
多项式理论	2015—10	88.00	541
奇数、偶数、奇偶分析法	2018—01	98.00	876
不定方程及其应用．上	2018—12	58.00	992
不定方程及其应用．中	2019—01	78.00	993
不定方程及其应用．下	2019—02	98.00	994

刘培杰数学工作室
已出版(即将出版)图书目录——初等数学

书　　名	出版时间	定　价	编号
历届美国中学生数学竞赛试题及解答(第一卷)1950—1954	2014—07	18.00	277
历届美国中学生数学竞赛试题及解答(第二卷)1955—1959	2014—04	18.00	278
历届美国中学生数学竞赛试题及解答(第三卷)1960—1964	2014—06	18.00	279
历届美国中学生数学竞赛试题及解答(第四卷)1965—1969	2014—04	28.00	280
历届美国中学生数学竞赛试题及解答(第五卷)1970—1972	2014—06	18.00	281
历届美国中学生数学竞赛试题及解答(第六卷)1973—1980	2017—07	18.00	768
历届美国中学生数学竞赛试题及解答(第七卷)1981—1986	2015—01	18.00	424
历届美国中学生数学竞赛试题及解答(第八卷)1987—1990	2017—05	18.00	769
历届IMO试题集(1959—2005)	2006—05	58.00	5
历届CMO试题集	2008—09	28.00	40
历届中国数学奥林匹克试题集(第2版)	2017—03	38.00	757
历届加拿大数学奥林匹克试题集	2012—08	38.00	215
历届美国数学奥林匹克试题集:多解推广加强	2012—08	38.00	209
历届美国数学奥林匹克试题集:多解推广加强(第2版)	2016—03	48.00	592
历届波兰数学竞赛试题集.第1卷,1949~1963	2015—03	18.00	453
历届波兰数学竞赛试题集.第2卷,1964~1976	2015—03	18.00	454
历届巴尔干数学奥林匹克试题集	2015—05	38.00	466
保加利亚数学奥林匹克	2014—10	38.00	393
圣彼得堡数学奥林匹克试题集	2015—01	38.00	429
匈牙利奥林匹克数学竞赛题解.第1卷	2016—05	28.00	593
匈牙利奥林匹克数学竞赛题解.第2卷	2016—05	28.00	594
历届美国数学邀请赛试题集(第2版)	2017—10	78.00	851
全国高中数学竞赛试题及解答.第1卷	2014—07	38.00	331
普林斯顿大学数学竞赛	2016—06	38.00	669
亚太地区数学奥林匹克竞赛题	2015—07	18.00	492
日本历届(初级)广中杯数学竞赛试题及解答.第1卷(2000~2007)	2016—05	28.00	641
日本历届(初级)广中杯数学竞赛试题及解答.第2卷(2008~2015)	2016—05	38.00	642
360个数学竞赛问题	2016—08	58.00	677
奥数最佳实战题.上卷	2017—06	38.00	760
奥数最佳实战题.下卷	2017—05	58.00	761
哈尔滨市早期中学数学竞赛试题汇编	2016—07	28.00	672
全国高中数学联赛试题及解答:1981—2017(第2版)	2018—05	98.00	920
20世纪50年代全国部分城市数学竞赛试题汇编	2017—07	28.00	797
高中数学竞赛培训教程:平面几何问题的求解方法与策略.上	2018—05	68.00	906
高中数学竞赛培训教程:平面几何问题的求解方法与策略.下	2018—06	78.00	907
高中数学竞赛培训教程:整除与同余以及不定方程	2018—01	88.00	908
高中数学竞赛培训教程:组合计数与组合极值	2018—04	48.00	909
国内外数学竞赛题及精解:2016~2017	2018—07	45.00	922
许康华竞赛优学精选集.第一辑	2018—08	68.00	949
高考数学临门一脚(含密押三套卷)(理科版)	2017—01	45.00	743
高考数学临门一脚(含密押三套卷)(文科版)	2017—01	45.00	744
新课标高考数学题型全归纳(文科版)	2015—05	72.00	467
新课标高考数学题型全归纳(理科版)	2015—05	82.00	468
洞穿高考数学解答题核心考点(理科版)	2015—11	49.80	550
洞穿高考数学解答题核心考点(文科版)	2015—11	46.80	551

刘培杰数学工作室
已出版(即将出版)图书目录——初等数学

书 名	出版时间	定 价	编号
高考数学题型全归纳:文科版.上	2016-05	53.00	663
高考数学题型全归纳:文科版.下	2016-05	53.00	664
高考数学题型全归纳:理科版.上	2016-05	58.00	665
高考数学题型全归纳:理科版.下	2016-05	58.00	666
王连笑教你怎样学数学:高考选择题解题策略与客观题实用训练	2014-01	48.00	262
王连笑教你怎样学数学:高考数学高层次讲座	2015-02	48.00	432
高考数学的理论与实践	2009-08	38.00	53
高考数学核心题型解题方法与技巧	2010-01	28.00	86
高考思维新平台	2014-03	38.00	259
30分钟拿下高考数学选择题、填空题(理科版)	2016-10	39.80	720
30分钟拿下高考数学选择题、填空题(文科版)	2016-10	39.80	721
高考数学压轴题解题诀窍(上)(第2版)	2018-01	58.00	874
高考数学压轴题解题诀窍(下)(第2版)	2018-01	48.00	875
北京市五区文科数学三年高考模拟题详解:2013~2015	2015-08	48.00	500
北京市五区理科数学三年高考模拟题详解:2013~2015	2015-09	68.00	505
向量法巧解数学高考题	2009-08	28.00	54
高考数学万能解题法(第2版)	即将出版	38.00	691
高考物理万能解题法(第2版)	即将出版	38.00	692
高考化学万能解题法(第2版)	即将出版	28.00	693
高考生物万能解题法(第2版)	即将出版	28.00	694
高考数学解题金典(第2版)	2017-01	78.00	716
高考物理解题金典(第2版)	即将出版	68.00	717
高考化学解题金典(第2版)	即将出版	58.00	718
我一定要赚分:高中物理	2016-01	38.00	580
数学高考参考	2016-01	78.00	589
2011~2015年全国及各省市高考数学文科精品试题审题要津与解法研究	2015-10	68.00	539
2011~2015年全国及各省市高考数学理科精品试题审题要津与解法研究	2015-10	88.00	540
最新全国及各省市高考数学试卷解法研究及点拨评析	2009-02	38.00	41
2011年全国及各省市高考数学试题审题要津与解法研究	2011-10	48.00	139
2013年全国及各省市高考数学试题解析与点评	2014-01	48.00	282
全国及各省市高考数学试题审题要津与解法研究	2015-02	48.00	450
新课标高考数学——五年试题分章详解(2007~2011)(上、下)	2011-10	78.00	140,141
全国中考数学压轴题审题要津与解法研究	2013-04	78.00	248
新编全国及各省市中考数学压轴题审题要津与解法研究	2014-05	58.00	342
全国及各省市5年中考数学压轴题审题要津与解法研究(2015版)	2015-04	58.00	462
中考数学专题总复习	2007-04	28.00	6
中考数学较难题、难题常考题型解题方法与技巧.上	2016-01	48.00	584
中考数学较难题、难题常考题型解题方法与技巧.下	2016-01	58.00	585
中考数学较难题常考题型解题方法与技巧	2016-09	48.00	681
中考数学难题常考题型解题方法与技巧	2016-09	48.00	682
中考数学中档题常考题型解题方法与技巧	2017-08	68.00	835
中考数学选择填空压轴好题妙解365	2017-05	38.00	759

刘培杰数学工作室
已出版(即将出版)图书目录——初等数学

书 名	出版时间	定 价	编号
中考数学小压轴汇编初讲	2017—07	48.00	788
中考数学大压轴专题微言	2017—09	48.00	846
北京中考数学压轴题解题方法突破(第4版)	2019—01	58.00	1001
助你高考成功的数学解题智慧:知识是智慧的基础	2016—01	58.00	596
助你高考成功的数学解题智慧:错误是智慧的试金石	2016—04	58.00	643
助你高考成功的数学解题智慧:方法是智慧的推手	2016—04	68.00	657
高考数学奇思妙解	2016—04	38.00	610
高考数学解题策略	2016—05	48.00	670
数学解题泄天机(第2版)	2017—10	48.00	850
高考物理压轴题全解	2017—04	48.00	746
高中物理经典问题25讲	2017—05	28.00	764
高中物理教学讲义	2018—01	48.00	871
2016年高考文科数学真题研究	2017—04	58.00	754
2016年高考理科数学真题研究	2017—04	78.00	755
初中数学、高中数学脱节知识补缺教材	2017—06	48.00	766
高考数学小题抢分必练	2017—10	48.00	834
高考数学核心素养解读	2017—09	38.00	839
高考数学客观题解题方法和技巧	2017—10	38.00	847
十年高考数学精品试题审题要津与解法研究.上卷	2018—01	68.00	872
十年高考数学精品试题审题要津与解法研究.下卷	2018—01	58.00	873
中国历届高考数学试题及解答.1949—1979	2018—01	38.00	877
历届中国高考数学试题及解答.第二卷,1980—1989	2018—10	28.00	975
历届中国高考数学试题及解答.第三卷,1990—1999	2018—10	48.00	976
数学文化与高考研究	2018—03	48.00	882
跟我学解高中数学题	2018—07	58.00	926
中学数学研究的方法及案例	2018—05	58.00	869
高考数学抢分技能	2018—07	68.00	934
高一新生常用数学方法和重要数学思想提升教材	2018—06	38.00	921
2018年高考数学真题研究	2019—01	68.00	1000
新编640个世界著名数学智力趣题	2014—01	88.00	242
500个最新世界著名数学智力趣题	2008—06	48.00	3
400个最新世界著名数学最值问题	2008—09	48.00	36
500个世界著名数学征解问题	2009—06	48.00	52
400个中国最佳初等数学征解老问题	2010—01	48.00	60
500个俄罗斯数学经典老题	2011—01	28.00	81
1000个国外中学物理好题	2012—04	48.00	174
300个日本高考数学题	2012—05	38.00	142
700个早期日本高考数学试题	2017—02	88.00	752
500个前苏联早期高考数学试题及解答	2012—05	28.00	185
546个早期俄罗斯大学生数学竞赛题	2014—03	38.00	285
548个来自美苏的数学好问题	2014—11	28.00	396
20所苏联著名大学早期入学试题	2015—02	18.00	452
161道德国工科大学生必做的微分方程习题	2015—05	28.00	469
500个德国工科大学生必做的高数习题	2015—06	28.00	478
360个数学竞赛问题	2016—08	58.00	677
200个趣味数学故事	2018—02	48.00	857
470个数学奥林匹克中的最值问题	2018—10	88.00	985
德国讲义日本考题.微积分卷	2015—04	48.00	456
德国讲义日本考题.微分方程卷	2015—04	38.00	457
二十世纪中叶中、英、美、日、法、俄高考数学试题精选	2017—06	38.00	783

刘培杰数学工作室
已出版(即将出版)图书目录——初等数学

书 名	出版时间	定 价	编号
中国初等数学研究 2009卷(第1辑)	2009—05	20.00	45
中国初等数学研究 2010卷(第2辑)	2010—05	30.00	68
中国初等数学研究 2011卷(第3辑)	2011—07	60.00	127
中国初等数学研究 2012卷(第4辑)	2012—07	48.00	190
中国初等数学研究 2014卷(第5辑)	2014—02	48.00	288
中国初等数学研究 2015卷(第6辑)	2015—06	68.00	493
中国初等数学研究 2016卷(第7辑)	2016—04	68.00	609
中国初等数学研究 2017卷(第8辑)	2017—01	98.00	712
几何变换(Ⅰ)	2014—07	28.00	353
几何变换(Ⅱ)	2015—06	28.00	354
几何变换(Ⅲ)	2015—01	38.00	355
几何变换(Ⅳ)	2015—12	38.00	356
初等数论难题集(第一卷)	2009—05	68.00	44
初等数论难题集(第二卷)(上、下)	2011—02	128.00	82,83
数论概貌	2011—08	18.00	93
代数数论(第二版)	2013—08	58.00	94
代数多项式	2014—06	38.00	289
初等数论的知识与问题	2011—02	28.00	95
超越数论基础	2011—03	28.00	96
数论初等教程	2011—03	28.00	97
数论基础	2011—03	18.00	98
数论基础与维诺格拉多夫	2014—03	18.00	292
解析数论基础	2012—08	28.00	216
解析数论基础(第二版)	2014—01	48.00	287
解析数论问题集(第二版)(原版引进)	2014—05	88.00	343
解析数论问题集(第二版)(中译本)	2016—04	88.00	607
解析数论基础(潘承洞,潘承彪著)	2016—07	98.00	673
解析数论导引	2016—07	58.00	674
数论入门	2011—03	38.00	99
代数数论入门	2015—03	38.00	448
数论开篇	2012—07	28.00	194
解析数论引论	2011—03	48.00	100
Barban Davenport Halberstam 均值和	2009—01	40.00	33
基础数论	2011—03	28.00	101
初等数论100例	2011—05	18.00	122
初等数论经典例题	2012—07	18.00	204
最新世界各国数学奥林匹克中的初等数论试题(上、下)	2012—01	138.00	144,145
初等数论(Ⅰ)	2012—01	18.00	156
初等数论(Ⅱ)	2012—01	18.00	157
初等数论(Ⅲ)	2012—01	28.00	158

刘培杰数学工作室
已出版(即将出版)图书目录——初等数学

书　名	出版时间	定　价	编号
平面几何与数论中未解决的新老问题	2013—01	68.00	229
代数数论简史	2014—11	28.00	408
代数数论	2015—09	88.00	532
代数、数论及分析习题集	2016—11	98.00	695
数论导引提要及习题解答	2016—01	48.00	559
素数定理的初等证明.第2版	2016—09	48.00	686
数论中的模函数与狄利克雷级数(第二版)	2017—11	78.00	837
数论:数学导引	2018—01	68.00	849
数学精神巡礼	2019—01	58.00	731
数学眼光透视(第2版)	2017—06	78.00	732
数学思想领悟(第2版)	2018—01	68.00	733
数学方法溯源(第2版)	2018—08	68.00	734
数学解题引论	2017—05	58.00	735
数学史话览胜(第2版)	2017—01	48.00	736
数学应用展观(第2版)	2017—08	68.00	737
数学建模尝试	2018—04	48.00	738
数学竞赛采风	2018—01	68.00	739
数学技能操握	2018—03	48.00	741
数学欣赏拾趣	2018—02	48.00	742
从毕达哥拉斯到怀尔斯	2007—10	48.00	9
从迪利克雷到维斯卡尔迪	2008—01	48.00	21
从哥德巴赫到陈景润	2008—05	98.00	35
从庞加莱到佩雷尔曼	2011—08	138.00	136
博弈论精粹	2008—03	58.00	30
博弈论精粹.第二版(精装)	2015—01	88.00	461
数学 我爱你	2008—01	28.00	20
精神的圣徒 别样的人生——60位中国数学家成长的历程	2008—09	48.00	39
数学史概论	2009—06	78.00	50
数学史概论(精装)	2013—03	158.00	272
数学史选讲	2016—01	48.00	544
斐波那契数列	2010—02	28.00	65
数学拼盘和斐波那契魔方	2010—07	38.00	72
斐波那契数列欣赏(第2版)	2018—08	58.00	948
Fibonacci数列中的明珠	2018—06	58.00	928
数学的创造	2011—02	48.00	85
数学美与创造力	2016—01	48.00	595
数海拾贝	2016—01	48.00	590
数学中的美	2011—02	38.00	84
数论中的美学	2014—12	38.00	351

刘培杰数学工作室
已出版(即将出版)图书目录——初等数学

书 名	出版时间	定 价	编号
数学王者 科学巨人——高斯	2015—01	28.00	428
振兴祖国数学的圆梦之旅：中国初等数学研究史话	2015—06	98.00	490
二十世纪中国数学史料研究	2015—10	48.00	536
数字谜、数阵图与棋盘覆盖	2016—01	58.00	298
时间的形状	2016—01	38.00	556
数学发现的艺术：数学探索中的合情推理	2016—07	58.00	671
活跃在数学中的参数	2016—07	48.00	675
数学解题——靠数学思想给力(上)	2011—07	38.00	131
数学解题——靠数学思想给力(中)	2011—07	48.00	132
数学解题——靠数学思想给力(下)	2011—07	38.00	133
我怎样解题	2013—01	48.00	227
数学解题中的物理方法	2011—06	28.00	114
数学解题的特殊方法	2011—06	48.00	115
中学数学计算技巧	2012—01	48.00	116
中学数学证明方法	2012—01	58.00	117
数学趣题巧解	2012—03	28.00	128
高中数学教学通鉴	2015—05	58.00	479
和高中生漫谈：数学与哲学的故事	2014—08	28.00	369
算术问题集	2017—03	38.00	789
张教授讲数学	2018—07	38.00	933
自主招生考试中的参数方程问题	2015—01	28.00	435
自主招生考试中的极坐标问题	2015—04	28.00	463
近年全国重点大学自主招生数学试题全解及研究.华约卷	2015—02	38.00	441
近年全国重点大学自主招生数学试题全解及研究.北约卷	2016—05	38.00	619
自主招生数学解证宝典	2015—09	48.00	535
格点和面积	2012—07	18.00	191
射影几何趣谈	2012—04	28.00	175
斯潘纳尔引理——从一道加拿大数学奥林匹克试题谈起	2014—01	28.00	228
李普希兹条件——从几道近年高考数学试题谈起	2012—10	18.00	221
拉格朗日中值定理——从一道北京高考试题的解法谈起	2015—10	18.00	197
闵科夫斯基定理——从一道清华大学自主招生试题谈起	2014—01	28.00	198
哈尔测度——从一道冬令营试题的背景谈起	2012—08	28.00	202
切比雪夫逼近问题——从一道中国台北数学奥林匹克试题谈起	2013—04	38.00	238
伯恩斯坦多项式与贝齐尔曲面——从一道全国高中数学联赛试题谈起	2013—03	38.00	236
卡塔兰猜想——从一道普特南竞赛试题谈起	2013—06	18.00	256
麦卡锡函数和阿克曼函数——从一道前南斯拉夫数学奥林匹克试题谈起	2012—08	18.00	201
贝蒂定理与拉姆贝克莫斯尔定理——从一个栋石子游戏谈起	2012—08	18.00	217
皮亚诺曲线和豪斯道夫分球定理——从无限集谈起	2012—08	18.00	211
平面凸图形与凸多面体	2012—10	28.00	218
斯坦因豪斯问题——从一道二十五省市自治区中学数学竞赛试题谈起	2012—07	18.00	196

刘培杰数学工作室
已出版(即将出版)图书目录——初等数学

书　名	出版时间	定　价	编号
纽结理论中的亚历山大多项式与琼斯多项式——从一道北京市高一数学竞赛试题谈起	2012—07	28.00	195
原则与策略——从波利亚"解题表"谈起	2013—04	38.00	244
转化与化归——从三大尺规作图不能问题谈起	2012—08	28.00	214
代数几何中的贝祖定理(第一版)——从一道 IMO 试题的解法谈起	2013—08	18.00	193
成功连贯理论与约当块理论——从一道比利时数学竞赛试题谈起	2012—04	18.00	180
素数判定与大数分解	2014—08	18.00	199
置换多项式及其应用	2012—10	18.00	220
椭圆函数与模函数——从一道美国加州大学洛杉矶分校(UCLA)博士资格考题谈起	2012—10	28.00	219
差分方程的拉格朗日方法——从一道 2011 年全国高考理科试题的解法谈起	2012—08	28.00	200
力学在几何中的一些应用	2013—01	38.00	240
高斯散度定理、斯托克斯定理和平面格林定理——从一道国际大学生数学竞赛试题谈起	即将出版		
康托洛维奇不等式——从一道全国高中联赛试题谈起	2013—03	28.00	337
西格尔引理——从一道第 18 届 IMO 试题的解法谈起	即将出版		
罗斯定理——从一道前苏联数学竞赛试题谈起	即将出版		
拉克斯定理和阿廷定理——从一道 IMO 试题的解法谈起	2014—01	58.00	246
毕卡大定理——从一道美国大学数学竞赛试题谈起	2014—07	18.00	350
贝齐尔曲线——从一道全国高中联赛试题谈起	即将出版		
拉格朗日乘子定理——从一道 2005 年全国高中联赛试题的高等数学解法谈起	2015—05	28.00	480
雅可比定理——从一道日本数学奥林匹克试题谈起	2013—04	48.00	249
李天岩—约克定理——从一道波兰数学竞赛试题谈起	2014—06	28.00	349
整系数多项式因式分解的一般方法——从克朗耐克算法谈起	即将出版		
布劳维不动点定理——从一道前苏联数学奥林匹克试题谈起	2014—01	38.00	273
伯恩赛德定理——从一道英国数学奥林匹克试题谈起	即将出版		
布查特—莫斯特定理——从一道上海市初中竞赛试题谈起	即将出版		
数论中的同余数问题——从一道普特南竞赛试题谈起	即将出版		
范·德蒙行列式——从一道美国数学奥林匹克试题谈起	即将出版		
中国剩余定理:总数法构建中国历史年表	2015—01	28.00	430
牛顿程序与方程求根——从一道全国高考试题解法谈起	即将出版		
库默尔定理——从一道 IMO 预选试题谈起	即将出版		
卢丁定理——从一道冬令营试题的解法谈起	即将出版		
沃斯滕霍姆定理——从一道 IMO 试题的解法谈起	即将出版		
卡尔松不等式——从一道莫斯科数学奥林匹克试题谈起	即将出版		
信息论中的香农熵——从一道近年高考压轴题谈起	即将出版		
约当不等式——从一道希望杯竞赛试题谈起	即将出版		
拉比诺维奇定理	即将出版		
刘维尔定理——从一道《美国数学月刊》征解问题的解法谈起	即将出版		
卡塔兰恒等式与级数求和——从一道 IMO 试题的解法谈起	即将出版		
勒让德猜想与素数分布——从一道爱尔兰竞赛试题谈起	即将出版		
天平称重与信息论——从一道基辅市数学奥林匹克试题谈起	即将出版		
哈密尔顿—凯莱定理:从一道高中数学联赛试题的解法谈起	2014—09	18.00	376
艾思特曼定理——从一道 CMO 试题的解法谈起	即将出版		

刘培杰数学工作室
已出版(即将出版)图书目录——初等数学

书 名	出版时间	定价	编号
阿贝尔恒等式与经典不等式及应用	2018-06	98.00	923
迪利克雷除数问题	2018-07	48.00	930
贝克码与编码理论——从一道全国高中联赛试题谈起	即将出版		
帕斯卡三角形	2014-03	18.00	294
蒲丰投针问题——从2009年清华大学的一道自主招生试题谈起	2014-01	38.00	295
斯图姆定理——从一道"华约"自主招生试题的解法谈起	2014-01	18.00	296
许瓦兹引理——从一道加利福尼亚大学伯克利分校数学系博士生试题谈起	2014-08	18.00	297
拉姆塞定理——从王诗宬院士的一个问题谈起	2016-04	48.00	299
坐标法	2013-12	28.00	332
数论三角形	2014-04	38.00	341
毕克定理	2014-07	18.00	352
数林掠影	2014-09	48.00	389
我们周围的概率	2014-10	38.00	390
凸函数最值定理:从一道华约自主招生题的解法谈起	2014-10	28.00	391
易学与数学奥林匹克	2014-10	38.00	392
生物数学趣谈	2015-01	18.00	409
反演	2015-01	28.00	420
因式分解与圆锥曲线	2015-01	18.00	426
轨迹	2015-01	28.00	427
面积原理:从常庚哲命的一道CMO试题的积分解法谈起	2015-01	48.00	431
形形色色的不动点定理:从一道28届IMO试题谈起	2015-01	38.00	439
柯西函数方程:从一道上海交大自主招生的试题谈起	2015-02	28.00	440
三角恒等式	2015-02	28.00	442
无理性判定:从一道2014年"北约"自主招生试题谈起	2015-01	38.00	443
数学归纳法	2015-03	18.00	451
极端原理与解题	2015-04	28.00	464
法雷级数	2014-08	18.00	367
摆线族	2015-01	38.00	438
函数方程及其解法	2015-05	38.00	470
含参数的方程和不等式	2012-09	28.00	213
希尔伯特第十问题	2016-01	38.00	543
无穷小量的求和	2016-01	28.00	545
切比雪夫多项式:从一道清华大学金秋营试题谈起	2016-01	38.00	583
泽肯多夫定理	2016-03	38.00	599
代数等式证题法	2016-01	28.00	600
三角等式证题法	2016-01	28.00	601
吴大任教授藏书中的一个因式分解公式:从一道美国数学邀请赛试题的解法谈起	2016-06	28.00	656
易卦——类万物的数学模型	2017-08	68.00	838
"不可思议"的数与数系可持续发展	2018-01	38.00	878
最短线	2018-01	38.00	879
幻方和魔方(第一卷)	2012-05	68.00	173
尘封的经典——初等数学经典文献选读(第一卷)	2012-07	48.00	205
尘封的经典——初等数学经典文献选读(第二卷)	2012-07	38.00	206
初级方程式论	2011-03	28.00	106
初等数学研究(Ⅰ)	2008-09	68.00	37
初等数学研究(Ⅱ)(上、下)	2009-05	118.00	46,47

刘培杰数学工作室
已出版(即将出版)图书目录——初等数学

书　名	出版时间	定　价	编号
趣味初等方程妙题集锦	2014—09	48.00	388
趣味初等数论选美与欣赏	2015—02	48.00	445
耕读笔记(上卷):一位农民数学爱好者的初数探索	2015—04	28.00	459
耕读笔记(中卷):一位农民数学爱好者的初数探索	2015—05	28.00	483
耕读笔记(下卷):一位农民数学爱好者的初数探索	2015—05	28.00	484
几何不等式研究与欣赏.上卷	2016—01	88.00	547
几何不等式研究与欣赏.下卷	2016—01	48.00	552
初等数列研究与欣赏·上	2016—01	48.00	570
初等数列研究与欣赏·下	2016—01	48.00	571
趣味初等函数研究与欣赏.上	2016—09	48.00	684
趣味初等函数研究与欣赏.下	2018—09	48.00	685
火柴游戏	2016—05	38.00	612
智力解谜.第1卷	2017—07	38.00	613
智力解谜.第2卷	2017—07	38.00	614
故事智力	2016—07	48.00	615
名人们喜欢的智力问题	即将出版		616
数学大师的发现、创造与失误	2018—01	48.00	617
异曲同工	2018—09	48.00	618
数学的味道	2018—01	58.00	798
数学千字文	2018—10	68.00	977
数贝偶拾——高考数学题研究	2014—04	28.00	274
数贝偶拾——初等数学研究	2014—04	38.00	275
数贝偶拾——奥数题研究	2014—04	48.00	276
钱昌本教你快乐学数学(上)	2011—12	48.00	155
钱昌本教你快乐学数学(下)	2012—03	58.00	171
集合、函数与方程	2014—01	28.00	300
数列与不等式	2014—01	38.00	301
三角与平面向量	2014—01	28.00	302
平面解析几何	2014—01	38.00	303
立体几何与组合	2014—01	28.00	304
极限与导数、数学归纳法	2014—01	38.00	305
趣味数学	2014—03	28.00	306
教材教法	2014—04	68.00	307
自主招生	2014—05	58.00	308
高考压轴题(上)	2015—01	48.00	309
高考压轴题(下)	2014—10	68.00	310
从费马到怀尔斯——费马大定理的历史	2013—10	198.00	Ⅰ
从庞加莱到佩雷尔曼——庞加莱猜想的历史	2013—10	298.00	Ⅱ
从切比雪夫到爱尔特希(上)——素数定理的初等证明	2013—07	48.00	Ⅲ
从切比雪夫到爱尔特希(下)——素数定理100年	2012—12	98.00	Ⅲ
从高斯到盖尔方特——二次域的高斯猜想	2013—10	198.00	Ⅳ
从库默尔到朗兰兹——朗兰兹猜想的历史	2014—01	98.00	Ⅴ
从比勒巴赫到德布朗斯——比勒巴赫猜想的历史	2014—02	298.00	Ⅵ
从麦比乌斯到陈省身——麦比乌斯变换与麦比乌斯带	2014—02	298.00	Ⅶ
从布尔到豪斯道夫——布尔方程与格论漫谈	2013—10	198.00	Ⅷ
从开普勒到阿诺德——三体问题的历史	2014—05	298.00	Ⅸ
从华林到华罗庚——华林问题的历史	2013—10	298.00	Ⅹ

刘培杰数学工作室
已出版(即将出版)图书目录——初等数学

书　名	出版时间	定　价	编号
美国高中数学竞赛五十讲.第1卷(英文)	2014-08	28.00	357
美国高中数学竞赛五十讲.第2卷(英文)	2014-08	28.00	358
美国高中数学竞赛五十讲.第3卷(英文)	2014-09	28.00	359
美国高中数学竞赛五十讲.第4卷(英文)	2014-09	28.00	360
美国高中数学竞赛五十讲.第5卷(英文)	2014-10	28.00	361
美国高中数学竞赛五十讲.第6卷(英文)	2014-11	28.00	362
美国高中数学竞赛五十讲.第7卷(英文)	2014-12	28.00	363
美国高中数学竞赛五十讲.第8卷(英文)	2015-01	28.00	364
美国高中数学竞赛五十讲.第9卷(英文)	2015-01	28.00	365
美国高中数学竞赛五十讲.第10卷(英文)	2015-02	38.00	366
三角函数(第2版)	2017-04	38.00	626
不等式	2014-01	38.00	312
数列	2014-01	38.00	313
方程(第2版)	2017-04	38.00	624
排列和组合	2014-01	28.00	315
极限与导数(第2版)	2016-04	38.00	635
向量(第2版)	2018-08	58.00	627
复数及其应用	2014-08	28.00	318
函数	2014-01	38.00	319
集合	即将出版		320
直线与平面	2014-01	28.00	321
立体几何(第2版)	2016-04	38.00	629
解三角形	即将出版		323
直线与圆(第2版)	2016-11	38.00	631
圆锥曲线(第2版)	2016-09	48.00	632
解题通法(一)	2014-07	38.00	326
解题通法(二)	2014-07	38.00	327
解题通法(三)	2014-05	38.00	328
概率与统计	2014-01	28.00	329
信息迁移与算法	即将出版		330
IMO 50年.第1卷(1959-1963)	2014-11	28.00	377
IMO 50年.第2卷(1964-1968)	2014-11	28.00	378
IMO 50年.第3卷(1969-1973)	2014-09	28.00	379
IMO 50年.第4卷(1974-1978)	2016-04	38.00	380
IMO 50年.第5卷(1979-1984)	2015-04	38.00	381
IMO 50年.第6卷(1985-1989)	2015-04	58.00	382
IMO 50年.第7卷(1990-1994)	2016-01	48.00	383
IMO 50年.第8卷(1995-1999)	2016-06	38.00	384
IMO 50年.第9卷(2000-2004)	2015-04	58.00	385
IMO 50年.第10卷(2005-2009)	2016-01	48.00	386
IMO 50年.第11卷(2010-2015)	2017-03	48.00	646

刘培杰数学工作室
已出版(即将出版)图书目录——初等数学

书　名	出版时间	定　价	编号
数学反思(2007—2008)	即将出版		915
数学反思(2008—2009)	2019—01	68.00	917
数学反思(2010—2011)	2018—05	58.00	916
数学反思(2012—2013)	2019—01	58.00	918
数学反思(2014—2015)	即将出版		919
历届美国大学生数学竞赛试题集.第一卷(1938—1949)	2015—01	28.00	397
历届美国大学生数学竞赛试题集.第二卷(1950—1959)	2015—01	28.00	398
历届美国大学生数学竞赛试题集.第三卷(1960—1969)	2015—01	28.00	399
历届美国大学生数学竞赛试题集.第四卷(1970—1979)	2015—01	18.00	400
历届美国大学生数学竞赛试题集.第五卷(1980—1989)	2015—01	28.00	401
历届美国大学生数学竞赛试题集.第六卷(1990—1999)	2015—01	28.00	402
历届美国大学生数学竞赛试题集.第七卷(2000—2009)	2015—08	18.00	403
历届美国大学生数学竞赛试题集.第八卷(2010—2012)	2015—01	18.00	404
新课标高考数学创新题解题诀窍:总论	2014—09	28.00	372
新课标高考数学创新题解题诀窍:必修 1～5 分册	2014—08	38.00	373
新课标高考数学创新题解题诀窍:选修 2—1,2—2,1—1,1—2分册	2014—09	38.00	374
新课标高考数学创新题解题诀窍:选修 2—3,4—4,4—5分册	2014—09	18.00	375
全国重点大学自主招生英文数学试题全攻略:词汇卷	2015—07	48.00	410
全国重点大学自主招生英文数学试题全攻略:概念卷	2015—01	28.00	411
全国重点大学自主招生英文数学试题全攻略:文章选读卷(上)	2016—09	38.00	412
全国重点大学自主招生英文数学试题全攻略:文章选读卷(下)	2017—01	58.00	413
全国重点大学自主招生英文数学试题全攻略:试题卷	2015—07	38.00	414
全国重点大学自主招生英文数学试题全攻略:名著欣赏卷	2017—03	48.00	415
劳埃德数学趣题大全.题目卷.1:英文	2016—01	18.00	516
劳埃德数学趣题大全.题目卷.2:英文	2016—01	18.00	517
劳埃德数学趣题大全.题目卷.3:英文	2016—01	18.00	518
劳埃德数学趣题大全.题目卷.4:英文	2016—01	18.00	519
劳埃德数学趣题大全.题目卷.5:英文	2016—01	18.00	520
劳埃德数学趣题大全.答案卷:英文	2016—01	18.00	521
李成章教练奥数笔记.第1卷	2016—01	48.00	522
李成章教练奥数笔记.第2卷	2016—01	48.00	523
李成章教练奥数笔记.第3卷	2016—01	38.00	524
李成章教练奥数笔记.第4卷	2016—01	38.00	525
李成章教练奥数笔记.第5卷	2016—01	38.00	526
李成章教练奥数笔记.第6卷	2016—01	38.00	527
李成章教练奥数笔记.第7卷	2016—01	38.00	528
李成章教练奥数笔记.第8卷	2016—01	48.00	529
李成章教练奥数笔记.第9卷	2016—01	28.00	530

刘培杰数学工作室
已出版(即将出版)图书目录——初等数学

书 名	出版时间	定 价	编号
第19~23届"希望杯"全国数学邀请赛试题审题要津详细评注(初一版)	2014-03	28.00	333
第19~23届"希望杯"全国数学邀请赛试题审题要津详细评注(初二、初三版)	2014-03	38.00	334
第19~23届"希望杯"全国数学邀请赛试题审题要津详细评注(高一版)	2014-03	28.00	335
第19~23届"希望杯"全国数学邀请赛试题审题要津详细评注(高二版)	2014-03	38.00	336
第19~25届"希望杯"全国数学邀请赛试题审题要津详细评注(初一版)	2015-01	38.00	416
第19~25届"希望杯"全国数学邀请赛试题审题要津详细评注(初二、初三版)	2015-01	58.00	417
第19~25届"希望杯"全国数学邀请赛试题审题要津详细评注(高一版)	2015-01	48.00	418
第19~25届"希望杯"全国数学邀请赛试题审题要津详细评注(高二版)	2015-01	48.00	419
物理奥林匹克竞赛大题典——力学卷	2014-11	48.00	405
物理奥林匹克竞赛大题典——热学卷	2014-04	28.00	339
物理奥林匹克竞赛大题典——电磁学卷	2015-07	48.00	406
物理奥林匹克竞赛大题典——光学与近代物理卷	2014-06	28.00	345
历届中国东南地区数学奥林匹克试题集(2004~2012)	2014-06	18.00	346
历届中国西部地区数学奥林匹克试题集(2001~2012)	2014-07	18.00	347
历届中国女子数学奥林匹克试题集(2002~2012)	2014-08	18.00	348
数学奥林匹克在中国	2014-06	98.00	344
数学奥林匹克问题集	2014-01	38.00	267
数学奥林匹克不等式散论	2010-06	38.00	124
数学奥林匹克不等式欣赏	2011-09	38.00	138
数学奥林匹克超级题库(初中卷上)	2010-01	58.00	66
数学奥林匹克不等式证明方法和技巧(上、下)	2011-08	158.00	134,135
他们学什么:原民主德国中学数学课本	2016-09	38.00	658
他们学什么:英国中学数学课本	2016-09	38.00	659
他们学什么:法国中学数学课本.1	2016-09	38.00	660
他们学什么:法国中学数学课本.2	2016-09	28.00	661
他们学什么:法国中学数学课本.3	2016-09	38.00	662
他们学什么:苏联中学数学课本	2016-09	28.00	679
高中数学题典——集合与简易逻辑·函数	2016-07	48.00	647
高中数学题典——导数	2016-07	48.00	648
高中数学题典——三角函数·平面向量	2016-07	48.00	649
高中数学题典——数列	2016-07	58.00	650
高中数学题典——不等式·推理与证明	2016-07	38.00	651
高中数学题典——立体几何	2016-07	48.00	652
高中数学题典——平面解析几何	2016-07	78.00	653
高中数学题典——计数原理·统计·概率·复数	2016-07	48.00	654
高中数学题典——算法·平面几何·初等数论·组合数学·其他	2016-07	68.00	655

刘培杰数学工作室
已出版(即将出版)图书目录——初等数学

书　名	出版时间	定价	编号
台湾地区奥林匹克数学竞赛试题.小学一年级	2017—03	38.00	722
台湾地区奥林匹克数学竞赛试题.小学二年级	2017—03	38.00	723
台湾地区奥林匹克数学竞赛试题.小学三年级	2017—03	38.00	724
台湾地区奥林匹克数学竞赛试题.小学四年级	2017—03	38.00	725
台湾地区奥林匹克数学竞赛试题.小学五年级	2017—03	38.00	726
台湾地区奥林匹克数学竞赛试题.小学六年级	2017—03	38.00	727
台湾地区奥林匹克数学竞赛试题.初中一年级	2017—03	38.00	728
台湾地区奥林匹克数学竞赛试题.初中二年级	2017—03	38.00	729
台湾地区奥林匹克数学竞赛试题.初中三年级	2017—03	28.00	730
不等式证题法	2017—04	28.00	747
平面几何培优教程	即将出版		748
奥数鼎级培优教程.高一分册	2018—09	88.00	749
奥数鼎级培优教程.高二分册.上	2018—04	68.00	750
奥数鼎级培优教程.高二分册.下	2018—04	68.00	751
高中数学竞赛冲刺宝典	即将出版		883
初中尖子生数学超级题典.实数	2017—07	58.00	792
初中尖子生数学超级题典.式、方程与不等式	2017—08	58.00	793
初中尖子生数学超级题典.圆、面积	2017—08	38.00	794
初中尖子生数学超级题典.函数、逻辑推理	2017—08	48.00	795
初中尖子生数学超级题典.角、线段、三角形与多边形	2017—07	58.00	796
数学王子——高斯	2018—01	48.00	858
坎坷奇星——阿贝尔	2018—01	48.00	859
闪烁奇星——伽罗瓦	2018—01	58.00	860
无穷统帅——康托尔	2018—01	48.00	861
科学公主——柯瓦列夫斯卡娅	2018—01	48.00	862
抽象代数之母——埃米·诺特	2018—01	48.00	863
电脑先驱——图灵	2018—01	58.00	864
昔日神童——维纳	2018—01	48.00	865
数坛怪侠——爱尔特希	2018—01	68.00	866
当代世界中的数学.数学思想与数学基础	2019—01	38.00	892
当代世界中的数学.数学问题	2019—01	38.00	893
当代世界中的数学.应用数学与数学应用	2019—01	38.00	894
当代世界中的数学.数学王国的新疆域(一)	2019—01	38.00	895
当代世界中的数学.数学王国的新疆域(二)	2019—01	38.00	896
当代世界中的数学.数林撷英(一)	2019—01	38.00	897
当代世界中的数学.数林撷英(二)	2019—01	48.00	898
当代世界中的数学.数学之路	2019—01	38.00	899

刘培杰数学工作室
已出版(即将出版)图书目录——初等数学

书　名	出版时间	定　价	编号
105 个代数问题:来自 AwesomeMath 夏季课程	2019-02	58.00	956
106 个几何问题:来自 AwesomeMath 夏季课程	即将出版		957
107 个几何问题:来自 AwesomeMath 全年课程	即将出版		958
108 个代数问题:来自 AwesomeMath 全年课程	2019-01	68.00	959
109 个不等式:来自 AwesomeMath 夏季课程	即将出版		960
国际数学奥林匹克中的 110 个几何问题	即将出版		961
111 个代数和数论问题	即将出版		962
112 个组合问题:来自 AwesomeMath 夏季课程	即将出版		963
113 个几何不等式:来自 AwesomeMath 夏季课程	即将出版		964
114 个指数和对数问题:来自 AwesomeMath 夏季课程	即将出版		965
115 个三角问题:来自 AwesomeMath 夏季课程	即将出版		966
116 个代数不等式:来自 AwesomeMath 全年课程	即将出版		967
紫色慧星国际数学竞赛试题	2019-02	58.00	999
澳大利亚中学数学竞赛试题及解答(初级卷)1978~1984	2019-02	28.00	1002
澳大利亚中学数学竞赛试题及解答(初级卷)1985~1991	2019-02	28.00	1003
澳大利亚中学数学竞赛试题及解答(初级卷)1992~1998	2019-02	28.00	1004
澳大利亚中学数学竞赛试题及解答(初级卷)1999~2005	2019-02	28.00	1005
澳大利亚中学数学竞赛试题及解答(中级卷)1978~1984	即将出版		1006
澳大利亚中学数学竞赛试题及解答(中级卷)1985~1991	即将出版		1007
澳大利亚中学数学竞赛试题及解答(中级卷)1992~1998	即将出版		1008
澳大利亚中学数学竞赛试题及解答(中级卷)1999~2005	即将出版		1009
澳大利亚中学数学竞赛试题及解答(高级卷)1978~1984	即将出版		1010
澳大利亚中学数学竞赛试题及解答(高级卷)1985~1991	即将出版		1011
澳大利亚中学数学竞赛试题及解答(高级卷)1992~1998	即将出版		1012
澳大利亚中学数学竞赛试题及解答(高级卷)1999~2005	即将出版		1013

联系地址:哈尔滨市南岗区复华四道街 10 号　哈尔滨工业大学出版社刘培杰数学工作室
网　　址:http://lpj.hit.edu.cn/
邮　　编:150006
联系电话:0451-86281378　　13904613167
E-mail:lpj1378@163.com